PREFACE

前 言

凤凰[⊖]的神话广为人知。凤凰是一种神奇的鸟，浑身闪闪发光，能活几百年，逝于火焰之中。然后，它会在灰烬中重生，开始新的一生。

伟大的古罗马诗人奥维德在他所著的《变形记》一书中讲述了一个故事：

有一种鸟，亚述人称之为凤凰，它能自己再生。

它不吃水果菜蔬，只吃香脂香草。

在活完了 500 年的寿命后，它便用喙和爪子在摇曳的

⊖ 在本书中，“凤凰”翻译自“ phoenix”，在西方，“ phoenix”指不死鸟，象征重生、复苏等，结合中文语境，翻译为凤凰。——译者注

棕榈树上为自己筑巢，铺上桂皮和甘松，上面点缀着肉桂片和黄色的没药。

据说，从父亲的尸体上会诞生出一只也能活500年的小凤凰。

小凤凰一天天长大，等有了力气能够负重，就背起自己的摇篮——父亲的坟墓，从棕榈树上飞起，顺着微风到达亥伯龙神之城，把巢放在亥伯龙神庙的庙门前。

——《变形记》，奥维德，15：392-407

（理查德·斯莫利译）

凤凰也是历史的一部分。古罗马最伟大的历史学家之一塔西佗说，公元34年在埃及就可以看到凤凰（其他古代资料显示这个年份是公元36年）。由于这种鸟的寿命较长，因而它的出现被认为预示着一个新时代的到来。

当然，每个时代的人都相信自己正处于一个新的时代，这些想法都是对的——因为每个时代都有自身独特的处境、困难和机会。我们现在也不例外。

一句经常被引用的阿拉伯古谚语说："比起父辈来，我们更像是自己的时代塑造出来的。"这意味着，为了生存和繁荣，每个人都有义务理解并适应我们所生活的时代。就像凤凰一样，我们可能需要由所处的新时代来重塑自己。

1983 年，我做了一个名为《成就心理学》的语音节目。它已经成为历史上个人成功和成就类最受欢迎的节目之一，拥有超过 100 万听众。它被翻译成 20 多种语言，改变了无数人的生活。

《成就心理学》讲述的内容，我称为成功的内心游戏——怎样组织你的想法、态度和个性，怎样设定目标、与他人相处、理解自己并宣泄负面情绪来成就非凡的事业。

1983 年以来，时代发生了巨大的变化。我们进入了互联网时代，也经历了互联网泡沫；我们经历了一场正在加速的技术革命，也经历了几次不同的政治变革和总统轮替。1983 年的中国，经济才刚刚起步，今天它已经是世界上最蓬勃发展的经济体之一。

今天，你经常听到人们谈论“重塑自己”。通常这与他们的外部形象有关——让自己看起来更时尚，对最新的技术噱头和小玩意儿更老练。

是的，你确实需要重塑自己，但改变形象只是一小部分，而且远远不是最重要的。你想要有与过去不同、比过去更好的结果吗？这比买一副新的名牌眼镜要付出更多。就像凤凰一样，你必须从旧“巢穴”中重生并重塑自己。

在本书中，我将向你展示如何做到这一点。我更新了我的《成就心理学》，新增了一些前沿研究和创新的概念，这些研究和概念与我们所生活、工作的这个新的、互联网的、全球化的世界息息相关。本书包含了一系列强有力的想法，我发掘了这些想法来帮助你在这个新世界中竞争——你可以利用这些想法在未来的几周、几个月和几年里完成比你一生梦想的还要多的事。

我将取得非凡成就分为 12 个步骤，每章介绍 1 个。它们是秘密吗？不，它们是众所周知的法则，但因为很少有人使用它们，它们也可能是秘密。只有极少数人将这些概念应用到他们的生活中。这些人都有一个共同点：他们在各个领域都取得了成功。

成功人士的 12 种品质

1. 他们理解并运用思想的力量。
2. 他们通过专注于自己梦想的东西来释放自己最大的潜力。
3. 他们用乐观主义来激励自己达到最佳表现。
4. 他们知道如何让别人喜欢并尊重他们。
5. 他们设定目标，并始终如一地努力实现目标。

6. 他们安排时间以达到最佳的效率。
7. 他们知道如何为自己创造财富。
8. 他们正在走向财务独立。
9. 他们知晓并运用创业的关键点。
10. 他们自律。
11. 他们有高超的解决问题的能力。
12. 他们通过专注于能带给他们快乐的东西来简化他们的生活。

CONTENTS

目 录

CHAPTER 1

第1章

转变思路，改变生活

首先我们来认识人类最非凡的力量来源——思想。

我的人生起点很低，高三就被学校轰了出去，连高中都没毕业。我当时唯一能找到的工作就是些体力活。我的第一份工作是在一家小旅馆的后厨洗碗。当失去了那份工作时，我找到了一份洗车的工作。当失去了洗车的工作后，我得到了一份清洗地板的工作。我曾以为清洁工就是我的未来。正如你所看到的，我一直在走下坡路。

年轻是非自愿职业变动原因的委婉说法，在这段时间里，人们总要意外地被迫寻找新工作。现在公司裁员会有遣散计划，向员工持续发钱到周末或月底。在那段日子里，他们可能会在遣散计划的最后 1 小时正式解雇你，比如 11:55 或 16:55。他们会走到你面前，看着你，死气沉沉地说："这是你的工资，那边是门，我们不再需要你的服务了。"

我以前找工作会四处漂泊。我会说："我在找工作。"他们会说："我们现在不需要太多帮手。"我会说："那我正是适合你的人，因为我实在帮不了多大的忙。"这种幽默对我的职业生涯并没有什么帮助。我当过建筑工人，把很重的东西搬来搬去；我曾在锯木厂堆放过木材和装饰板；我曾在某一年夏天打过井；我曾在灌木丛里用电锯工作；我曾在一家工厂里安装螺母和螺栓；我曾在北大西洋的一艘船上工作；我也曾在农场和牧场工作。有一次工作时我就住在我的车里。

23 岁时，我是一名流动的农场工人，收获季节在农场工作，晚上睡在农场谷仓里的干草上。那时我们常常早上 5 点起床，周围一片漆黑，我会和农场主一家共进早餐。我们必须在天亮前赶到田里去，这样才能在第一次霜冻前收完庄稼。我没有受过教育，也没有技能，所以在收获季节结束时，我又一次失业了。

因果规律

当我再也找不到体力工作时，我得到了一份销售工作。我获得了一个由三句话组成的销售培训——“这是你的名片，这是你的宣传册，那边是你要敲的门”，仅此而已。我整天出去敲门，不停地打电话，不停地开车。很长一段时间里我都很沮丧。

大约 6 个月后，我注意到我们公司有一个人的销售额比其他人多了 10 倍。我走到他面前问：“你跟我做的有什么不同？”他如实告诉了我，我也听从了他的建议，于是，我的生活改变了。

从那天起，我开始问：为什么有些人比其他人更成功？为什么有些人有更好的生活，赚更多的钱，住在美丽的房子里，去漂亮的餐馆，有愉快的假期？然而，很多人会承认自己过着平静而绝望的生活。他们觉得自己本可以比现在做得更好，但他们不知道该怎么做。

我最终找到了答案，并将它们应用到我的生活中。

我发现了因果规律。在销售方面，因果关系非常简单：只要你像其他成功的销售人员那样做，你就会得到与成功的销售人员相同的结果。

亚里士多德第一次讨论这条规律是在公元前 350 年，

当时每个人都相信神、机会和运气。亚里士多德说："不，不，一切都是有原因的。不管我们是否知道原因，一切都有原因；我们的宇宙是由规律控制的。"

当我开始研究这一规律时，我有了一个更为深刻的发现——思想是原因，而生活状况是结果。你的思想创造了你的生活状况。

这是所有伟大人物最终发现的一条基本法则：**如果你转变了思路，你就改变了生活**。如果你改变了原因，你就改变了结果。与其他的单一因素相比，思维质量这一因素决定了你的生活质量。事实上，你大部分时间在思考什么，你就会变成什么样。当你转变了思路，你就改变了你的生活。

宾夕法尼亚大学在 22 年的时间里对 35 万名商人、销售人员、企业家和专业人士进行了研究。这些人被问道："你大部分时间都在想些什么？"你知道成功人士大多数时候是怎么想的吗？在收入和收入增幅上排名前 10% 的人会考虑他们想要什么以及如何得到它。他们会考虑自己要去哪里以及如何到达那里。

你知道不成功的人大多数时候在想些什么吗？他们会操心自己不想要什么，担忧会发生什么，思考那些过去让他们沮丧和愤怒的事情，尤其会去想谁应该为他们的处境负责。

顶尖人士会考虑他们想要什么以及如何得到它，普通人会想他们不想要什么，谁该受到责备。

这就像把探照灯从一个地方转到另一个地方，当你把精神集中在你想要什么以及如何得到它时，你的整个生活都开始变得更好。你开始转变你的思路，接受这样一个事实：你是一个了不起的人，拥有不可思议的能力和潜力，能够实现生活中你梦想的任何事情。

当我四处旅行时，我遇到了一些非常成功的人。我问他们："你的童年是怎样的？"他们通常会提到母亲、父亲或父母双方一遍又一遍地告诉他们："你可以做任何你想做的事。"

这个主旋律在这些年轻人的脑海中回荡。当他们长大后，这就是他们的信条："我可以做任何我想做的事。"

你应该这样对自己说："我可以做任何我想做的事，我有无限的潜力。"

你大多数的想法都取决于**自我概念**。自我概念的发现是 20 世纪最伟大的心理学突破。自我概念是关于你自己、你的能力和你的世界的一系列信念，它决定了你看待周围世界的方式。你并不以世界原有的角度看世界，而是以你自有的方式看世界。你通过自我概念来看待世界。

自我概念

自我概念由三部分组成。

自我概念的第一部分是**自我理想**。这包括你在一生中渴望实现的个人目标和个人价值、渴望拥有的美德和品质、渴望成就的理想事业。换句话说，这就是你对自己完美人生的想象——你能拥有最好的品质，成为最优秀的人——享受着生活，做着对你最重要的事，拥有对你最重要的东西。这是你的自我理想。你对自己的理想思考得越清晰，你从实现自己长期理想的角度出发，就越容易做出短期内最优的抉择。

优秀人士——我们所敬佩和仰慕的人——都非常清楚自己的理想。不成功、不快乐的人大多对自己的理想感到模糊。顶尖人物永远不会为任何事情牺牲自己的理想和价值观，普通人则会为了一点点好处或短期利益而妥协。因此，伟大成功的起点——塑造符合自己最佳人设的自我概念的起点，就是明确你是谁、你相信什么、你真正关心什么、你支持什么。

自我概念的第二部分是**自我形象**。这是你现在看待自己的方式和你对自己的看法。你的自我形象大概率决定了你在特定任务或活动中的表现和效率。当改变你对自己的看法时，你就会改变自己的表现和效率。你所看到的那个形象就是你将要成为的那个人。

心理学家有时把自我形象称为**内在镜子**：在进入社交场合之前，你会仔细观察它，以了解人们对你的期望。当你清楚地看到自己的最佳表现时，你走进社交场合就会感到放松，并保持微笑和自信。惊喜！惊喜！你内心的画面变成了你外在的现实。

关于自我形象的发展，这里有一个有趣的发现：每个人在进入某个情境之前，都会在脑海中播放一个画面。成功的人会重播以前成功的画面；不成功的人会重播之前失败的画面。你的潜意识不知道你是在现实中经历，还是只在想象中经历。如果你在某个领域有一次积极的经历，你会一遍又一遍地重复播放它。每次这样做时，你的潜意识都会把它记录为一次新的成功经历。最后，当你进入一个特定的情境时，你的潜意识会说："天哪，我以前来过这里。你在这个领域真的很成功，因为我见你成功过 50 次。"于是，你带着极大的自信，沉着平静地走进来。

你总是可以选择脑海中回放的想法和画面。请在每次活动前选择思考一下你最好的经历。

自我概念的第三部分是**自尊**。这是自我概念的核心。你的自尊取决于你有多喜欢自己。它是你个性中的力量，是你能量、热情、态度、个性和幸福的源泉。

每当你的行为方式更接近你的自我理想时，你的自尊就会提升。换句话说，当你尽可能表现得最好时，你会更喜欢自己。当你更喜欢自己时，你的自尊会提升，你的个性会变得更好，你会感到更快乐，你会有更大的热情，你会更喜欢别人。

当你为自己设定了明确的目标，并开始每天为此努力时，你会更喜欢和尊重自己。你的价值感和个人成就感都增加了，你的自尊心和个人自豪感会有所改善。设定大目标的行为会让你更喜欢自己，并以更积极的眼光看待自己。

简而言之，以上这些可以归结为：你把自己想得更好，感觉更好，你就会在生活的各个方面表现得更好。你的基本假设决定了你的人生旅程。每个人对自己都有独特的看法，这些看法在很大程度上决定了他们看待自己的方式以及他们与世界的关系。

改变你的解释风格

不幸的是，人们最常见的基本假设是“我不够好”，这也可能是最糟糕的假设：感觉自己不够好，感觉自己不称职，用自己的短处与他人进行比较。在内心深处感觉自己不够好，导致了我们大部分的问题和痛苦。

精神分析学专家阿尔弗雷德·阿德勒曾得出结论：我们每个人都有自卑感。这不是自卑情结。情结就像白色床单上的墨水，是被锁定的，你不能移动它。相比之下，自卑感是你可以改变和取代的东西。

人们通常在某些方面，甚至许多方面，感到自己不如别人。即使这些感觉并非基于事实，也会影响我们的表现。改变你的生活、改善你的外部世界的关键是重新塑造你的潜意识，并改变你的内心世界。

要意识到实现最佳表现所面临的最大障碍——在幸福、健康及所有你希望完成的事情上——是你的负面情绪。这些负面情绪大多基于恐惧和怀疑，通常是由父母一方或双方在你幼儿期的破坏性批评引发的。事实上，你几乎总能把成年人的机能障碍追溯到他的童年，即童年时在身体或情感上受到的父母的批评和惩罚。

阻碍大多数人前进的两种消极的习惯模式是：害怕失败，害怕被拒绝或被批评。找借口和指责他人是大多数负面情绪的根源，可以通过对你自己和你完成的每件事情承担 100% 的责任，来减少你的负面情绪，控制你的自尊。

改变你想法的起点是改变你的解释方式——你向自己

解释自身经历的方式。例如有两个人，开车上班时遇到了交通堵塞。一个人可能会生气、沮丧，还会敲打方向盘。另一个人可能会说："这是一个思考的机会，听一段教育性的音频节目，然后赶上今天因堵车错过的时间。"两个人，面临同样的情况，采取了不同的解释方式。当你开始以一种积极的方式向自己解释事情时，你就开始对它们产生积极的感觉。

任何时候拥有快乐的童年都不晚。这意味着，大多数人对童年的负面看法源自他们对童年的解释。想象一下，你的童年被送回到你身边，是为了教你一些宝贵的经验，这些经验是你成年后获得成功、快乐并拥有一个美好的家庭所需要知道的。然后你回顾自己的童年，说："我很幸运，童年发生的那些困难帮助我提升了洞察力，使我在自己的家庭生活和成年生活中变得更好。"你可以重新解释你的童年，让它成为一个快乐的童年，只要你决定去思考它。对此，你总是可以自由选择。

反馈，而不是失败

生活中没有失败，只有反馈。记住，一切发生在你身上的事都是有原因的。如果这是一个挫折，那就把它看作反馈：你得到的反馈可以帮助你自我纠正，吸取教训，下次你就能更迅速、更成功地前进。如果你把每一次负面的经历，都看作一种帮助你在未来变得更好的反馈，那么你就会成为一个更加积极、高效的人。

在改变思想和生活的过程中，你的出发点是实现远大的梦想。

这里有一些问题要问你。

第一个问题是：**如果你知道自己做任何事都不会失败，你会有什么伟大的梦想呢？**如果你挥舞一根魔杖，就能保证完成任何一个目标，短期的或长期的，大的或小的，你的目标会是什么呢？这个问题的答案通常会告诉你，你要在这个地球上做什么。它会向你揭示主要的、明确的目标。

第二个问题是：**如果没有任何限制，你会为自己设定什么目标？**有些人有一个基本前提，即他们是有限制的：他们缺乏创造力、不聪明、没有学术天赋、没有其他人那么高的智商。如果你拥有世界上所有的头脑、能力、智慧、金钱、朋友和人脉，你可以做任何事、成为任何人或拥有任何东西，那会怎么样？你会为自己设定什么目标？你会做些什么不同的事情？

第三个问题是：**如果你现在财务独立了，你可以做任**

何事、成为任何人或拥有生活中的任何东西，你会立即做出什么改变？比如说，你中了彩票，突然变得非常富有，你会在生活中立即做出什么改变？今天就开始考虑做出这些改变吧，因为它们要么是阻碍你成功的关键点，要么是你在地球上的关键使命。

无论你对这些问题的答案是什么，都把它们写下来。确定你要为实现这些目标付出的代价，然后为此辛勤付出。曾有人问伟大的石油亿万富翁 H.L. 亨特："成功的关键是什么？"他说："成功的关键是：第一，你必须确切地知道你想要什么；第二，你必须确定你将要付出的代价；第三，你必须下定决心付出这个代价。成功非常简单，它是在你付出代价之后发生的。首先，做你必须做的事情；然后，你才能得到结果。不会是与此相反的。"

很多人说："只要我得到梦想的东西，我就会付出代价。"但正如成功学先驱厄尔·南丁格尔所说，这就像对炉子说："只要你给我一点温暖，我就会放一些木头进去。"事情不是这样的。

顺便说一下，你怎么知道已经付出了多少成功的代价？很简单，看看你的生活状况就知道。根据因果定律，你投入了什么，你就会得到什么。无论你今天收获了什么，都是你过去播种的结果。

决定变得富有

你完全可以控制现在所播种的东西。如果你将来想要一些不同的结果，你现在就必须做一些不同的事情。决定变得富有是变得富有的前提。人们变得富有是因为他们决定变得富有，而那些从来没有决定变得富有的人一生都在担心缺钱。

当我和听众讨论金钱时，他们会觉得有点被冒犯。我说："你穷是因为你决定穷了，别人之所以富有是因为他们决定要变得富有。所以，如果你想财务独立，那就下决心财务独立吧。"

他们回答说："嗯，我决定了。"

我说："不，你还没有做出决定。"你曾希望、期望、祈祷富有，并读过一些告诉你不工作就有可能致富的书，但你从来没有做过致富、财务独立的决定，因为一旦你这样做了，你就会改变你生活的方向。

如今，大多数百万富翁和亿万富翁都是富一代：他们白手起家，通过正确的思考和行动，在一个工作生涯中资产就超过了百万美元。

为自己设定一个目标，即在未来 10 年或 20 年内实现 100 万美元的净资产。写下来，设置一个时间线，标明你每年要获得多少钱才能实现你的目标。

一旦你决定了你想要身价达 100 万美元，就要对你现在的净资产做一个完整的财务分析。你现在值多少钱？你需要确切地知道从哪里开始努力。然后立即开始，列出 20 项你可以做的不同的事情，逐步走向财务独立。一旦你拟定好这个清单，选择一项立即执行。

我的英国朋友彼得 · 汤姆森教过一个很棒的练习："想象一下，你已经到了最后期限，你现在身价 100 万美元。你拿起一张纸，在纸的顶部写'我今天值 100 万美元，因为我……'然后写下 20 件你应该已经完成的、使自己身价达到 100 万美元的事情。"

这叫作**从未来反向思考**。当你这样做的时候，你会开始思考你为了获得 100 万美元需要完成的所有事情，你会得到你在其他任何练习中都无法获得的见解和想法。

读一些像《邻家的百万富翁》（*The Millionaire Next Door*）和《百万富翁的思想》（*The Millionaire Mind*）这样的书。尽可能地了解百万富翁们如何思考，如何做决定，如何行动。想象一下，你已经是一个百万富翁了，并相应地行事。

致力于卓越

美好生活的另一个关键是**致力于卓越**。每一个在生活中取得巨大财务成就或个人成功的人，都会花时间和金钱去做使自己更优秀的事情。根据几十年的研究，无论你是神经外科医生还是柴油机械师，都需要 5 ～ 7 年才能熟练掌握自己的专业领域。（顺便说一句，成为一名优秀的销售人员也需要这么长的时间。）太多的人对自己的财务状况怀着快速致富的态度，他们总是在寻找快速、简单的方法来缩短致富的过程，但从长远来看，并没有捷径。

定期问自己这个问题：如果我以优秀的方式培养出一种技能，那么哪种技能最能帮助我实现财务目标，会对我的职业生涯帮助最大，会对实现我的梦想帮助最大？

无论你的答案是什么，把在这个领域做到卓越作为一个目标，写下来，制订一个计划，然后每天努力在这个领域内变得更好，直到你实现这个目标。

有时人们来找我，说花 5 ～ 7 年来掌握他们的专业技能是很长的时间。但事实是：无论如何时间都会过去的。5 ～ 7 年结束的时候，你的年龄会增长 5 ～ 7 岁，此时你会在哪里？你会成为你所在领域的佼佼者吗？还是你仍然和那些永远不会做出任何额外努力去变得更好的普通人在低端岗位上苦苦挣扎？今天就下定决心，成为你所在领域的前 10%。记住，前 10% 的人都是从倒数 10% 开始的。

为了保持自己的精神健康，要定期向自己的大脑灌输积极的东西。就像你的身体是由你所吃的东西构成的一样，你也变成了你所想的那样——你经常向大脑里灌输的东西。每天阅读 30 ～ 60 分钟，读一些有教育意义的、励志的东西。从营养丰富的阅读中获取精神蛋白质来开启你的一天，而不是从报纸和电视中获得精神糖果。如果你每天在你的领域阅读 30 ～ 60 分钟，就相当于每周阅读一本书。每周一本书，每年就是 50 本书。如果你每年在你的领域读 50 本书，就相当于每年获得一个博士学位。每天只需阅读一小时，就能让你在 2 ～ 3 年内成为你所在领域受教育程度最好、收入最高的人之一。

定期在车里听教育类音频节目。当你开车从一个地方到另一个地方时，永远不要播放音乐或收音机。如果你在工作中使用汽车，每年坐车 500 ～ 1000 小时，这相当于三个月的每周 40 小时[㊀]。这相当于一两个全日制的大学学期，而你只是从一个地方开车到另一个地方。通过在车里听教育类节目，你可以获得相当于全日制大学的自主学

㊀ 美国每周工作 40 小时，即每天 8 小时，工作 5 天。

习。通过将坐车时间转化为学习时间，将汽车转化为移动教室、车轮上的大学，你可以成为你所在领域最聪明、知识最渊博的人之一。此外，尽可能参加每一门课程和研讨会。

选择合适的人

与其他积极乐观的、追求成功的人交往。围绕赢家转，不要把时间花在那些生活中一事无成的人身上。

要想取得巨大的成功，就把人放在首位。对你个人生活中的人要有选择。你选择交往的人对你的生活和成功的影响要大于其他因素的影响。

组织一个由 3 ～ 5 个积极乐观、追求成功、雄心勃勃的人组成的思维大师小组。每周至少安排与你的思维大师小组吃一次早餐或午餐。谈谈你在做什么，以及你上周最好的想法。分享书籍和文章，帮助和鼓励彼此更成功。励志经典《思考致富》（*Think and Grow Rich*）的作者拿破仑·希尔研究了数百名富人。他发现，这些富人只是在形成大师思维后才开始发挥自己的潜力，定期与其他有着积极、乐观思想和创造力的成功人士会面。

每当你遇到一个积极乐观的人，你都会得到想法、见解和灵感，这可以让你更快乐、更成功。一男一女两个人之间的正向联系，可以成为在获取成功方面最强大的思维大师小组。

7 种导向

最快乐和最成功的人实践了 7 种思维方式——我们也叫思维导向——来改变生活。一种思维导向可以被定义为一种普遍的思维倾向：你可能会定期偏离轨道，但你会不断地回到这种思维方式上。每个领域前 10% 的人大多在实践这些导向。

7 种导向

1. 未来导向
2. 目标导向
3. 卓越导向
4. 结果导向
5. 解决方案导向
6. 成长导向
7. 行动导向

第 1 种是**未来导向**。你要为自己的未来设定一个清晰、积极、令人兴奋的愿景，一个未来 5 年的梦想的生活景象。这个未来的愿景可以产生强大的激励力量，以保持你的积极性和前瞻性思维。领导者有远见，非领导者则没有。当你为自己的未来发展制定出一个令人兴奋的愿景时，你就会成为自己生活中的领导者。

第 2 种是**目标导向**。通过列出你想在明年完成的 10 个目标，你就会变得目标导向。从你列的清单中选择最重要的目标。为它制订一个完成计划，然后每天践行你的计划，直到它实现。这一练习将改变你的生活，我将在稍后更详细地讨论它。

第 3 种是**卓越导向**。今天就下决心在工作中做到最好，进入你所在领域的前 10% 吧。选择一种比其他任何技能都更能帮助你的技能，并承诺在这一领域变得优秀。一次只提高一种技能。

第 4 种是**结果导向**。归根结底，你往往只有在为别人（雇主）取得成果时才会获得报酬。每天都要有一个计划清单，并按优先级组织你的清单。要集中精力利用你最有价值的时间，最好不断地问自己："我能做什么，并且只有我去做这个才能真正改变自己的生活？"然后专心致志地做这件事。

第 5 种是**解决方案导向**。生活是由一系列的问题、困难、挑战、逆转、挫折和暂时的失败构成的。你对这些起起落落的反应将在很大程度上决定你的成功和幸福。你应该关注解决方案，而不是问题。你对解决方案的思考和谈论越多，你就越会注重解决方案，你就会提出更多的解决方案来解决前进过程中出现的问题。

第 6 种是**成长导向**。致力于终身学习。为了挣更多的钱，你必须学习更多的东西。每年在思想上的投资至少和你在汽车上的投资一样多。如果你花在提高专业水平上的钱和汽车上的一样多，你就会变得富有、快乐和成功。

第 7 种是**行动导向**。这是一切的关键。行动就是一切。培养一种紧迫感，迅速抓住机会和问题，养成行动的倾向。坚持不懈地朝着你的目标前进。一遍又一遍地对自己说："马上做，马上做，马上做。"

你是个潜在的天才。你的工作是通过不断思考和谈论你梦想的东西和你前进的方向来释放你的精神力量。拒绝思考或谈论让你不愉快的事情以及关于问题和困难的事情。养成专注于你最重要的目标、任务和活动的习惯。思考和谈论解决方案与机遇，最重要的是，每天都要朝着你生活中真正梦想的方向不断行动。

CHAPTER 2

第2章

释放你的潜力

你内在的潜力比你一百辈子的能耐都要大。你发掘的潜力越多，你能获得的也就越多。在你开始发掘自己的潜力之前，你真不知道自己能达到什么样的成就。也许你人生中最重要的使命——既是对自己的责任，也是对他人的责任——就是充分释放你的潜力去获得幸福、成功和成就。

在这一章，我将与大家分享世界上最快乐、最成功的人使用的最大限度发掘自身潜力的一些非常有效的方法。

在人类历史上，没有比这更好的时代了。尽管经济、政治会起起落落，但在这个美好的时代，你有能力成为比以往任何时候都成就更大、拥有更多的人。

三个练习

这里有三个快速练习。

第一个练习：想象一下，你能使未来几年的收入提高到目前的 2 倍、3 倍，甚至 10 倍。

有时，当我和听众交流时，我会说："这里的每个人都为钱发愁。想象一下，我可以挥舞一根魔杖，让这个房间里每个人的收入增加一倍。这能解决你的财务问题吗？"

人们会说："可以，可以。"

"如果我能把你的收入增加 2 倍呢？"

"可以，可以。"

"如果我能把你的收入增加 5 ～ 10 倍呢？"

"可以，可以，可以。"

"现在让我问你一个问题：在座有多少人从你第一份工作到现在，收入已经翻了一倍？"

房间里所有的手都举了起来。当我问他们有多少人的收入已经增长了 2 倍，80% 的手举了起来。即使我问他们有多少人的收入已经增加了 5 倍、10 倍，房间里仍举满了手。

换句话说，你在过去已经取得了这些成就。如果你能够在过去取得这些成就，你就知道如何在未来再次做到这一点。

第二个练习：想象一下自己的身体在各个方面都健康、健美。如果你能够挥舞魔杖，让身体各方面都非常健康、健美，会是什么样？你会有什么感觉？

第三个练习，这也许是最重要的：想象一下拥有完美的人际关系和美好的家庭生活，生活中充满爱、和谐、快乐、平和与欢笑。它和今天会有什么不同呢？

爱因斯坦说过："想象比事实更重要。"励志演说家丹尼斯·韦特利说过："你的想象是你对未来生活中美好事物的预览。"你想象得越令人振奋，你的自尊心就越强。你的自我形象越好，你的自我理想就越远大，你就更加自信和积极。

在你生活的各个方面练习魔杖技巧。想象一下，你可以在收入、健康和人际关系方面挥舞魔杖，并在每个方面都许三个愿望。你想要什么？生活中所有的成功都始于一个可实现的令人兴奋的愿景。为了创造一个愿景，你必须发挥想象力。

“我喜欢自己”

正如我说过的，在拓展人类潜能方面最大的突破是自我概念的发现。

你的自我概念先于你做的任何事情，并预先假定了你做事的效率水平。它决定了你的外在表现。生活中所有的改善都始于自我概念的改善，始于自我认识的改善。

你的自我概念是你对自己的一系列信念。这是你从童年开始对自己的所有信念。这一系列信念在很大程度上是主观的——这不是事实。它是基于你所接收并已经接受的真实信息，尤其是关于你自己和你自己能力的信息。

你的自尊是你的情感中心，是你个性中最重要的部分，是对你有多喜欢自己的最好定义。

你可以通过反复重复以下句子来改变你的自我概念、提升自尊、改善自我形象，更快地朝着你的目标和梦想前进：**“我喜欢自己。我喜欢自己。我喜欢自己。”**

有一次，一个欣喜若狂的女人来找我。她说，在她第一次听到我的话后，她花了两年时间尝试说“我喜欢自己”，但由于她从童年起就背负着各种负面情绪，她无法做到。有一天早上，她醒来说：“我喜欢自己。我喜欢自己。”负面情绪的大坝溃决了，心中的太阳出来了。从那以后，她就一直是一个快乐的人。

你早上起床时能说的最好的话就是“我喜欢自己。我喜欢自己。我喜欢自己”。在你参加任何形式的会议之前，在心理上激励自己：“我喜欢自己。我喜欢自己。我喜欢自己。”令人惊讶的结果是，你会感到无比快乐，同时你会更加喜欢别人。

成功的伟大法则是每件事都很重要。你所做的每件事要么有帮助，要么有伤害。这些事要么让你朝着目标前进，要么让你远离目标。这些事要么帮你建立自尊，或者让你的自尊崩溃。心理学家说，我们在生活中所做的一切要么是为了建立自尊，要么是为了保护自尊。所以你必须对这些事实保持警惕：你所做的事情、你读的书、你交往的人、你进行的对话。它们会提升还是降低你的自尊？

自尊的好处

自尊有许多好处。

第一个好处是，你越喜欢自己，你就越能做好你所尝试的每一件事。心理学已经发现，自尊是自信的另一面。这是什么意思？这意味着你做得越好，你就越喜欢自己。你越喜欢你自己，你就做得越好。当你的自尊提升时，你的胜任力、表现、能力也会随之提高。

第二个好处是，你越喜欢自己，就会越喜欢别人，他们也就越喜欢你。你越喜欢你自己，你就会越喜欢你的家人，自尊的父母提高了孩子的自尊。高自尊的孩子长大后嫁给其他高自尊的人，继而他们会培养出高自尊的孩子，并有高自尊的生活。这就像星火燎原时的热量：你的自尊对他人有积极的影响。

这一因素在销售、沟通、说服和谈判中尤为重要。在销售中，你的自尊水平和销售水平之间存在一一对应的关系。你的自尊越高，你在市场上卖的东西就越多。为什么？这是因为人们愿意从他们喜欢的人那里买东西。他们越喜欢你，就越想从你那里买东西，他们会再次购买，并把你推荐给他们的朋友。

在沟通、说服和谈判中，我们越喜欢一个人，就越容易受到那个人的影响。你越喜欢自己，就会设定越大的目标，并且更加自信。你越喜欢自己，坚持的时间就越长，从逆境中恢复得就越快。

高自尊丰富了你生活的每一个部分，你会有高度乐观的情绪和积极的心态，你对待生活的方式会与低自尊时的对待方式不同，你还会有高度的自信和勇气。

阻碍我们前进的是一种巨大的恐惧：对失败的恐惧，

对被拒绝的恐惧。这就像一个跷跷板：你的自尊越高，恐惧就越低；你越喜欢自己，就越不害怕失败，也越不觉得受到批评。你越喜欢你自己，就越愿意尝试不同的事情，因为你知道暂时的失败或反对根本不会影响到你的价值。

高自尊的另一个关键好处是，它会带来积极的、受欢迎的、可爱的个性。你越喜欢你自己，就越积极和乐观，就越快乐，就越有精力，人们就越喜欢你，想要与你交往、做生意。

7 条精神规律

7 条精神规律决定了你的人生和潜能。

7 条精神规律

1. 因果规律
2. 控制规律
3. 信仰规律
4. 期望规律
5. 吸引力规律

6. 对应规律
7. 超意识活动规律

决定你的潜能的第1条规律是我前面提到的**因果规律**。因果规律说，一切的发生都是有原因的。我们生活在一个受规律支配的宇宙中，一切都不是偶然的。成功不是偶然的，失败也不是。

因果规律说，如果你像成功人士那样行事，你最终也必然享受与他们同样的成功。世界上到处都是像失败者那样做事情的人，他们还总是对自己得到了失败者的结果感到惊讶。如果你想成功，那就找出成功人士都做了什么，然后一遍又一遍地照做，不要偏离，直到你达到同样的结果。

因果规律最重要的应用就是：思想是原因，生活状况是结果。思想是创造性的，它创造了你的生活。你的思想创造了你的生活状况。如果你想在外部创造新的生活状况，就必须在内部创造新的思想。

决定你的潜能的第2条规律是**控制规律**。一般而言，你越觉得自己掌控着自己的生活，你就越自信。

你可以有一个内部控制点或一个外部控制点。内部控制点意味着你觉得你在掌控一切，你可以自己做决定——

你坐在驾驶座上，决定你会发生什么。外部的控制点来自你没有任何控制力的感觉。你是被动的，是一个牺牲品，被别人的思想和言语、你过去的经历、你的账单或你现在的情况所控制。

压力来自被外界的人和环境所控制的感觉，幸福和优秀的表现则来自你能掌控自己生活的感觉。

当你生活在控制规律中，你完全控制发生在你身上的一切，我们会观察到一个有趣的现象：世界上只有一件事你可以完全控制，那就是你的想法。幸运的是，你天生就是这样被设计出来的，如果你完全控制了自己的想法，那么你也可以完全控制其他一切。

决定你的潜能的第 3 条规律是**信仰规律**。它是所有宗教、哲学和玄学的基础。这就是说，你强烈的信念会变成你的现实。信仰规律主张，你总是按与你信仰一致的方式行事。你的信仰决定了你的行动，而你的行动又决定你的结果。

最糟糕的是那些并非事实，却限制了自我的信念。虽然你已经接受了这些关于自己和自身潜力的基本假设，但它们的确是错误的。你有没有遇到过觉得自己不是特别擅长某件事，试了一下后发现自己在这方面有天赋的情况？这说明，你之前持有了一个错误的信念。

许多人都持有错误的信念，这阻碍了他们一生的发展。一位千万富翁说，在他成长的过程中，他的父亲一遍又一遍地说："我们家的人都是劳动人民，我们家的人从未取得过财务上的成功。我们一生都在为谋生而工作，我们一直都是蓝领工人。"

这个人在成长过程中接受了这些信念。他在学习上没花费多大精力，高中毕业就工作了。他得到的第一份工作是当工人。高中毕业两三年后的某一天，他正在高速公路上挖沟，旁边的交通运行得非常缓慢。当道路恢复畅通时，他看到了他的一个高中同学。那家伙不太聪明，成绩也不太好，但他却在路上开着一辆新车。

这个人拿着铲子站在那里，和他的老同学打招呼：

"嗨，比尔。你好！"

"嗨，山姆。你好啊！"

"你现在在做什么？"

"哦，我得到了一份工作，而且我做得很好，所以买了一辆新车。几个月后我就能买到一套房子了。"

这个人看着他的老同学，就像一扇门在他面前砰地关上了。他意识到他父亲给了他一堆错误的信念和假设，他却都接受了。他同学是一个有着美好生活的人，而他在烈日下挖沟。他把铲子扔在沟里，站起来，从沟里走了出去，说："我要做你所做的工作。"几年后，他成了千万富翁。当他向阻碍他前进的、消极的、自我限制的信念发起挑战时，他的人生迎来了转折点。

决定你的潜能的第 4 条规律是**期望规律**。期望规律说，无论你满怀信心地期待什么，都会成为你自我实现的预言。图书馆里有很多关于期望理论的书。基本上，它们说整个股市的走势都是基于预期的。我们与之结婚的人，我们从事的工作，我们为自己设定的目标，以及我们的努力历程，也都是基于特定的期望。消极的期望伴随着低成就和失败；积极的期望伴随着高成就和成功。

你得到的不是生活中你梦想的东西，而是你所期待的。期望规律是指在任何情况下都要期待最好的结果。期待你遇到的每个人都是最好的，但最重要的是，期待你自己是最好的。

决定你的潜能的第 5 条规律是**吸引力规律**。你就像是一个活的磁铁，总是把与你三观相近的人和机缘吸引到你的生活中。

最近有很多关于吸引力规律的文章和言论。它是决定你生活的 30 多条规律之一。吸引力规律很有用，但它不是唯一的规律，也不是最重要的。吸引力规律主要是说，如果你能以强烈的激情和非常清晰的方式思考某件事，保持头脑专注，并每天朝着它努力，你就会开始在生活中吸引帮助你更快前进的人和机缘。

决定你的潜能的第 6 条规律是**对应规律**。我在过去 30 年里研究的几乎所有东西都回到了这条规律。对应规律说，你的外部世界往往与你的内心世界一致，就像一面镜子。无论你往哪里看，你都在那里。你的任务是创造一个与你想要的外部世界相一致的内心世界。

形而上学大师埃米特·福克斯在几年前写了一本小册子，名为《心理等价物》（*The Mental Equivalent*）。《心理等价物》里说，你在生活中最重要的职责就是在内心创造心理等价物，也就是思考你希望获得的外部体验。大自然和宇宙的所有力量都会聚集在一起，帮助你创造出心理等价物，但你必须对你想要在外部生活中拥有的东西有一个清晰的了解，然后一切都会开始发生。

存乎中，形于外。当你清楚自己想要什么时，会在外部世界的三个方面反映出来。首先，反映在你与他人的关系中。你对自己的想法和感受会被反映出来，并决定你与哪些人有联系，哪些人对你有吸引力。其次，反映在你的生活方式、生活条件和收入中。你内在的准备工作决定了你的收入水平。最后，反映在你的健康状况上。所以先回到原点，并开始致力于那个正在创造你周遭世界的心理等价物。

决定你的潜能的第 7 条规律是我最喜欢的——**超意识活动规律**：任何持续存在于你意识中的思想、计划、目标或想法都必须由你的超意识实现。换句话说，因为宇宙中这种强大的力量，你可以拥有任何你一直记在脑子里的东西。

这些超意识思维的特征，使它如此强大：

1. 一旦你为超意识思维提供了目标，它就会每天 24 小时持续工作。

2. 只要你的目标是明确的，你的超意识思维就能解决你在实现目标的过程中遇到的每一个问题。当你遇到障碍、困难或挑战时，一扇门就会打开：你偶然发现一条信息；产生一个想法或领悟；有一种直觉或第六感。当你朝着你的目标前进时，每个问题都会妥善地解决。

3. 你的超意识思维会在正确的时间给你带来你需要的答案。我有过这样的经历，我曾陷入进退两难的困境，当时我正要参加一个非常严肃的会议。当我走过门口的台阶时，我得到了一个完美的答案。我说出了这个答案，整个事情就解决了。

超意识思维会给你带来你需要的答案，但这里有一条规则：超意识思维的答案是有时间限制的。你必须立即采取行动。如果你开车时直觉告诉你要给某人打电话，你应该靠边停车，立即采取行动；如果你正在看一本书，直觉告诉你应该买下它，那就赶紧买；如果你在看杂志，觉得应该读某一篇文章，那就读一读；如果你看到一个你觉得应该自我介绍的人，赶紧前去自我介绍，因为这可能是你生活的转折点。

4. 你的超意识思维需要明确的目标，最好是写下来。实际上如果你不把它清楚地写下来，你就真的不清楚或不理解一些东西。

如果你不能将一个想法从脑海里写到纸上，你很可能并不理解它。除非你能非常清晰地写出来，否则你的超意识思维不能去实现你的目标。

你的目标应该非常清晰，以至于一个小孩都可以读懂它并能向另一个小孩准确地解释。一个小孩应该能够读懂你的目标，并告诉你，你是否已经完成了它，或者你离完成这个目标有多远。如果你的目标写得不能让小孩清晰理解，你就需要回去返工。你的目标越简单，写出来越清晰，你就能越快集中精力去实现目标。

5. 你的超意识思维会被视觉刺激和被积极的命令激活，从你的意识进入到你的潜意识，尤其是“我喜欢自己”这几个字。每当你想到你的目标，你说“我喜欢自己，我喜欢自己”，它就激活了你的精神力量。

6. 你的超意识思维在冷静、自信和期待的心态下运行得最好。你可能认识一些人，他们会在事情出错时说：“别担心，总会有状况发生的。一切都会好起来的，一切都会好起来的。”惊吓或者惊喜，对于这些人来说时有发生，总有些事是好的。你越是冷静地相信一切都会好起来，你的目标就会越快出现在你的生活中。

7. 你的超意识思维会持续释放想法和能量来实现目标。当你努力追求对你来说非常重要的东西时，你似乎有持续不断的能量和想法。有时你可以长时间工作而不感到疲劳。当你对你正在做的事情感到非常兴奋时，你可以每周工作 7 天，每天工作 16 个小时，甚至不需要睡觉，因为你的超意识思维是能量的来源，它会驱使你走向目标，它还会给你各种不同的想法和见解，使达成目标成为可能。

目标导向是释放你潜力的关键，使所有这些心理规律为你工作，并使你朝着你梦想的方向发展。你不必考虑这些规律，因为当你有一个明确的目标时，因果规律就会起作用。原因是你对目标有想法，结果是朝着目标前进。然后，控制规律开始发挥作用。你如何控制自己的思维？想想你的目标。一旦你相信你所做的一切都在朝着你的目标前进，信仰规律就会发挥作用。当你期望发生的一切都能帮助你实现目标时，期望规律就开始发挥作用了。吸引力规律允许你不断地吸引人、机缘和想法来实现你的目标。对应规律会使你的外部世界与你的目标相一致。当然，超意识活动规律也会发挥作用，让你越来越快地朝着目标前进。

目标：

- 释放想法和能量，释放你的潜力。
- 改善你的自我概念，提升你的自尊，让你更喜欢自己。
- 增强自信，让自己在追求目标的过程中势不可当。

我将在第 5 章中阐述更多关于设定和实现目标的内容。

1000% 公式

我想向你们展示如何将你的生产率、绩效和收入提高 1000%——在未来几年内提高 10 倍。我称之为 1000% 公式。这是基于渐进式改进的规律，即人们一点一点地变得更好。没有人能马上从平庸变得杰出。记住，你需要

5 ～ 7 年的时间才能在你从事的领域出类拔萃，达到精通程度，进入前 10%。因为这需要很长时间，所以你最好现在就开始。

1000% 公式也是基于积累定律的。积累定律说，成功是成百甚至上千的小努力和小牺牲的结果，而这些努力和牺牲是没有人看到或欣赏的。

亨利 · 沃兹沃斯 · 朗费罗有一句妙语："伟人所达到并保持的高度，不是通过突然飞跃实现的，他们常常在同伴们睡觉的夜晚辛勤地向上攀登。"当大多数人都在看电视、社交和娱乐时，那些未来会很伟大的人却忙着工作和扩展他们的知识。他们一次比一次进步一点。成功的关键很简单：每一天都变得更好——持续不断地改进。

问题来了：你能在一天内将你的生产率、绩效和产出提高 0.1% 吗？你能不能早一点开工，更努力地工作，晚一点下班，专注于优先级高的工作，一天内提高 1/1000 的工作效率？

我问我的听众这个问题，每个人都说："当然可以，我可以在 30 秒内完成。"我说："好吧，第一天完成了，第二天你能完成吗？"他们说可以。第三天、第四天、第五天怎么样？他们说可以。所以整整一周你都可以这样做。每天进步 0.1%，五天就是 0.5%。如果你真想这样做，你能在接下来的一周内把工作效率再提高 0.5% 吗？人们会说："当然可以。"第一周你就做到了，第二周你能做到吗？人们说"能"。第三周和第四周怎么样？他们也说"能"。

一些有趣的事情就此发生：这被称为**动量原理**。你进入了它的节奏。这就像早上起床锻炼：它会变得越来越容易。在第一周完成后，你能在第二周、第三周和第四周完成吗？如果可以的话这一个月就提高了 2% 的工作效率。

你能在第二个月、第三个月、第四个月继续改善吗？人们说"能"。这意味着你可以持续整整一年。一年 365 天可以分为 13 个 4 周，共计 52 周。每 4 周提高 2%，乘以 13，就等于每一年提高 26%。

你有没有可能在一年内通过自我锻炼、更好地管理时间、专注于高价值的任务而提高 26% 的生产率？答案当然是肯定的。如果你真的想做，你一个月的工作效率可以提高 2%，所以每年提高 26% 是合理的。第一年做到了，第二年你能做到吗？当然能。第三年和第四年呢？当然也能。

如果你每年将生产率、绩效和产出提高 26%，你的收入也会增加同样的数额。因此，你将在 2.7 年内使你的生产率、绩效和收入翻倍。如果复合增长 10 年，你的生产率、业绩、产出和收入将提高到 1004%。

这是最值得注意的事：每天提高 0.1%，5 天提高 0.5%，每月提高 2%，每年提高 26%，你就会在 10 年里提高 10 倍，并获得更高的薪水。

我最近在西雅图参加一个研讨会，一个名叫克里斯的年轻朋友向我走来。他说："我参加你的研讨会已经 7 年了。我每天都在练习你的 1000% 公式，但它不起作用。"我说："你是什么情况？"他说："我每天起床后都做你推荐的 7 件事，但你的公式不起作用。我的收入没有在 10 年里增加到 10 倍。"

"真的吗？"我问道。

然后他笑着说："我的收入在 7 年里就增加到了 10 倍。今年我的收入是我第一次见到你时的 10 倍。这是我听说过的最了不起的事情。它改变了我的生活，它让我为我的家人创造了美好的生活，我们住在一个漂亮的房子里，我的孩子在私立学校上学。这绝对是美妙的。"

以下是 1000% 公式的 7 个要素。

1. 每天早上在上班或赴约前两个小时起床，花 30 ～ 60 分钟读一些有教育意义、激励性或鼓舞人心的东西。最重要的是，阅读一些关于如何更好地完成你现有工作的东西。正如我之前提到的，每天阅读 30 ～ 60 分钟就是一周读一本书。每周一本书，每年就是50本书；一年50本书，10年就是500本书。（至少，你需要一个更大的房子来存放你的书。）

2. 每天早上出发前重写并回顾你的主要目标。我建议你买一个活页笔记本。在页面顶部，写下今天的日期，并写下你每天的10个目标。这会将它们重新编辑到你的潜意识中，激活你的超意识能力，让你在一天中清楚地了解自己要完成什么。

3. 提前计划，前一天晚上列个清单。同样地，如果你所做的只是提前精心计划每天的工作，那将有效地提高你的生产率、绩效和产出。从你开始做这件事的第一天起，就可以提高你的生产率。

4. 为你的任务设定优先级，并集中精力利用好一天中最有价值的时间。这是最伟大的成功法则：找出你可以做的最重要的事，并且整天只做这些事。这对你的生活产生的影响比你想象的要大。

5. 在车里听广播或音频节目。我在世界各地都会遇到那些一开始听节目就上瘾的人。他们听了一些关于目标、时间管理、人际关系、销售、商业和财务积累的节目，他们说自己变成了完全不同的人。因为当你聆听的时候，这些信息被编入你的潜意识。

有人再三对我说："我处于某种状况中，不知道该做什么；然后我想起了节目里的话，照着说了某些话，或者照着说的做了某些事，得到了期望的结果。"你永远不知道伟大的想法会从哪里来，所以你必须接受很多好的想法。

我最近在圣路易斯遇到了一个年轻人，他说他不是一个很好的阅读者，但他是一个很好的听众。他想购买我所有的 6 个节目，但他没有钱。于是他跑回家，在午休时间从母亲那里借钱，回来买了。当他拿到这些节目时，他正开着一辆旧车，住在家里，几乎没有积蓄。

"今年是第 4 年，我赚了 50 多万美元，"他说，"我有一辆崭新的车，我有一个漂亮的家，我结婚了，我很高兴。我的收入每年都在不断增加。我把所有这些都归功于听了那些节目。这对我生活产生了巨大的影响，完全不同于我以前的生活。"

它有效吗？有效。有时人们会问我："但如果它没用呢？"如果有效的话，你不尝试不是损失更多吗？

6. 每一次经历之后，问这两个神奇的问题，它能让你释放更多的潜能，更快地变得更聪明，并比我学过的其他任何问题都更能回答你的问题。

第一个问题是，**我做对了什么？**在你打了一个销售电话或做了一个演示后立即做一个总结，并问："我做得对吗？"我过去常常拿着便笺簿和纸坐下来，把我做对的事情都写下来。因为无论情况怎么样，显然我都做对了一些事情。

第二个问题是，**如果下次我重做一遍，我会做得有什么不同呢？**写下所有可以提高你绩效的方法。

请注意这两个问题的特殊性：答案都是正面的。许多人曾经认为，当你犯了一个错误时，你应该立即剖析它，并问："我哪里错了？"但无论你反思什么，无论你想象、讨论和回忆什么，你都在重构你的潜意识。如果复习你的错误，你就会在未来的类似情况下犯更多的错误。

如果你复盘所有你做对的事情，所有下次你能做得更好的事情，并把它们植入你的潜意识，你就会倾向于下次做对。

经常问这两个问题：我做对了什么？我会做些什么与上一次不同的事情？

7. 把你遇到的每一个人都当成一个有百万美元身价的顾客，从你的家庭成员开始，然后向外延伸。记住，每个人都认为自己是世界上最重要的人。当你承认他们有能力购买你的产品或服务时，他们就会以同样的热情、喜爱和尊重对待你。

你会发现，每个行业中收入最高的这些人都受到顾客和客户的喜欢。为什么？因为他们把顾客和客户当作特殊且重要的人来对待。

释放潜力的 3 个关键

以下是释放潜力的 3 个关键：

1. 决定你到底想要什么。你无法击中你看不见的目标。

2. 设定优先顺序，每天做最有价值的工作。

3. 提前下定决心，在实现自己设定的目标之前不要放弃。

不断提醒自己这句箴言：**失败不是一种选择**。正如伟大的发明家托马斯·爱迪生所说："当你觉得穷尽了所有的可能性时，记住这一点：你没有穷尽。"

CHAPTER 3

第 3 章

激励自己达到最佳表现

我们已经学习了凤凰新生的两个环节：首先，你已经了解到人类最强大的力量是思想。当你转变思想时，你就改变了现实。然后你了解到，你可以通过一些方法去获得这种神奇的力量。比如想象你要什么，并在此基础上设定明确、具体的目标。

现在让我们专注于充分发挥自身潜能，实现最佳表现。普通人在工作上发挥的能力不足潜能的 50%，因此，通过自我激励，可以从自己和生活中得到更多。

自我激励很像心理健康。要想保持身体健康需要进行体育锻炼；同样，想保持自我激励——心理健康——你要做心理练习。

你现在有潜力比以往任何时候都做得更多、拥有得更多。无论你在生活中已经取得了什么成就，这些都只是你潜力中的一小部分。

优秀的人相信，未来将比过去更好。他们相信，未来将会是他们一生中最美好的时光；他们相信，他们收入最高的日子就在前方，他们最大的成就还在来的路上；他们相信，他们最快乐和最温馨的时刻仍在未来。他们对待生活的态度就像孩子们对待圣诞节一样："我等不及了。"由于期望规律，他们的生活变得越来越好。

运用你的想象力

一般人运用自己的心理潜能不足 10%。这意味着，通过释放更多的天赋和能力，你可以达到现在成就的 2 倍、3 倍，甚至 5 ～ 10 倍。

首先想象一下你可以在未来一两年实现收入翻倍：那会是多少？把它写成一个目标，并开始每天思考这个数字。你几乎马上就会有想法和机会让你的收入翻倍。

下面是第二个练习：想象一下你的收入增加到 10 倍。只要在你当前的收入中加一个零就可以得到这个数字。以下是我多年来的发现。如果你说“我现在一年挣 5 万美元，如果我加上一个零，那就是 50 万美元”，就像你的身体会排斥一个新器官一样，你的大脑也会排斥这个想法。它会把这个想法踢出去，然后说：“绝对不会，这是不可能的。”因为你的大脑无法接受如此难以置信的变化。你要把这个想法推回去说：“好吧，想象一下我能挣 50 万美元。”你的大脑会再次把它踢出去，但只要继续说：“从 X 到 10X。X 是我目前的收入：5 万美元。10X 就是 50 万美元。从 X 到 10X。”如果你一直在想“5 万到 50 万，5 万到 50 万”，最终你的大脑会感到疲劳，不再把它踢出去。在某个时刻，你的大脑会说：“哦，好吧，也许这是可能的。”

然后你的超意识开始起作用，它说：“如果你这么做了，也许会有一点儿帮助。”然后心理堤坝开始崩塌，你会产生各种各样的想法，让你的收入从 5 万美元增加到 5.5 万美元，从 5.5 万美元增加到 6 万美元，再从 6 万美元增加到 7 万美元。

变化开始慢慢发生了。不要指望像闪电一样，闪一下就会突然实现。当你想象着收入是现在数额的 2 倍、3 倍或 10 倍时，这些变化就会逐渐发生。

现在有一个很好的问题：这些数字是可能的吗？当然。成千上万的人已经赚到了这些钱。他们一开始都比你现在的收入要少。你知道为什么吗？没有人比你聪明，没有人天生比你优秀。他们只是在用不同的方式做不同的事情。

我很惊讶。我曾遇到过一些做事方式优于平均水平的普通人，他们的收入是我的 5 ～ 10 倍。我摇了摇头，想这怎么可能。然后我观察他们在做什么：他们在不同的领域做了一些不同的事情。他们比我更了解自己正在做的事，而且他们专注于其所熟知的一件事上。我遇到过一些人，他们的智商没有达到平均水平，但收入却比我多。为什么？这是因为他们不去试图擅长很多事情，他们只想真正擅长一件事，然后一遍又一遍地做。

这可能吗？当然。历史上最伟大的发现是，你大部分时间在想什么就会变成什么。拥有高度自尊、自爱和自信的关键是，在大多数时候都要以积极的方式来看待自己。你也就变成了大多数时候你描述自己时所说的样子：你的喃喃自语和你的内心对话，决定了你 95% 的情绪。

克服默认的设定

现在有一个重要的事实：如果你不有意识地、以积极的方式进行自我沟通，你会陷入默认的消极思维。

你是否考虑过自己的担忧和问题，以及回想那些令你生气的人和事？如果你不谨慎，就会自动诉诸默认的设定：消极思维。你必须把心思放在你想要什么以及如何得到它上，长期关注积极的事情。如果你一次又一次地做某事，你最终会养成一种习惯，一种积极而建设性地思考自身和生活的习惯。

每天对自己积极地说些什么，比如“我喜欢自己”“我能做到”，或者“我是最好的”。像 W. 克莱门特·斯通（杰出的企业家和励志思想家）曾经教导的那样，说“我感觉快乐，我感觉健康，我感觉很棒”。

奇妙的是，由于你的意识一次只能容纳一个想法，如果你不断重复这些话语，它们就会逐渐成为你的现实。你在内心会用一个新的精神对应物来重新规划自己。

自我激励和自信的关键是消除消极的思想和感觉。如果你从头脑中消除消极的想法和感觉，就会创造出一个心理真空，然后积极的想法和感觉就会填满它。

正如我已经提到的，两种主要的恐惧会引发阻碍你前进的负面情绪。

一是对失败的恐惧。这是阻碍人们在成年生活中获得成功的最大障碍。这是对失去的恐惧——失去金钱、失去时间、失去爱，是对贫穷的恐惧。我们都有这种恐惧，通常可以回溯到童年早期。

二是对被拒绝的恐惧，对批评、尴尬、嘲笑、他人意见的恐惧。你知道有 54% 的成年人害怕公开演讲更甚于死亡吗？你知道为什么吗？因为他们害怕尴尬。他们害怕的是，如果他们站起来说话，人们会嘲笑他们，他们宁愿死也不愿站起来说话。

这些恐惧非常严重：它们对我们的生活产生了巨大的影响。它们都是在童年时由于父母一方或双方的破坏性批评而产生的。然而，因为这些恐惧是后天习得的，所以它们可以被忘却。这就是现代心理学的奇迹。我们可以用“替代定律”来消除恐惧。替代定律说，你的大脑一次只能容纳一个想法，无论是积极的还是消极的。你可以故意用积极的想法来代替消极的想法。许多人告诉我，这改变了他们的生活，此前他们没有意识到自己有这么多的控制权。他们没有意识到，他们可以选择用积极的想法来代替消极的想法，然后一遍又一遍地这样做，直到积极的想法被锁定在脑海里或变得具体。

对失败的恐惧和对被拒绝的恐惧都可以通过说“我喜欢自己”这样的话来消除。你越喜欢自己，就越不害怕失败；你越喜欢自己，就越不害怕被拒绝、被批评以及别人的评论。

随着自尊的提升，你的恐惧感也会降低。你可以消除对失败的恐惧，尤其是通过一遍又一遍地重复“我能行”这样的话。你看，对失败的恐惧被概括为这样一种感觉：“我不行，我不行，我不行。”这些“我不行”阻止我们尝试新的东西，不让我们去冒险。每当你害怕打电话、害怕敲门、害怕冒险时，你要一遍又一遍地对自己说：“我能行，我能行，我能行。”当你这么说时，你的信心会提升，你的恐惧会减少。

现在有一个有趣的发现，在心理学上被称为**飞去来器**[㊀]**效应**（boomerang effect）。你所做所说的每一件让别人感觉更好的事，都会让你自我感觉更好。

如果你的家人或社交圈里有一些人，是你想以积极方式去影响的，就总是告诉他们“你能行，你能行，你能行”。要多鼓励别人，而不是去跟他们说一堆行不通的理由。生活中的许多人都会这样做，总是通过告诉人们他们

㊀ 飞去来器也称回力镖、回旋镖。

能做到来鼓励他们。有时候，你可以通过鼓励他们、给他们以勇气来改变他们的一生，告诉他们“你能行”。他们稍后会过来说：“你知道，我真的不确定，我真的不放心，但当你说我能做到时，我说‘好吧，管他呢’，这改变了我的整个生活。”当你鼓励别人、提升他们的勇气时，你会自我感觉更好、感到更自信。

心理交叉训练

对于自尊和自我激励来说，最重要的品质是乐观。在任何领域中排名前 10% 的人都是乐观主义者，他们相信自己。他们把所发生的一切——每一次挫折、每一次困难、每一次挑战——都看作某种机会。

乐观就像心理上的健美，它是衡量心理健康和积极人格的标准。如果你想保持身体健美，可以去健身房锻炼。如果你想变得“心理健美”，需要进行心理交叉训练。以下是保持乐观和心理交叉训练的 4 个关键点。

1. 思考和谈论你想要什么，以及如何得到它，因为无论思考和谈论什么，你都会把它带入你的生活中。

你必须非常小心。有时在我和妻子芭芭拉谈论工作或投资中出现的问题时，芭芭拉会说：“嘿，等一下。我们想要在生活中加入更多这样的东西吗？”我会说：“不。”然后我们就停止谈论了。

这被称为**模式中断**：要停止谈论你脑海中正在翻腾的事情，只需要大声说“停止”这个词。这相当于给你一记耳光，让你停止思考。然后立即想想你的目标来取代这种想法。

事实上，保持乐观最好的方法之一就是想想你的目标。当你堵在路上时，想想你的目标；当你担心某件事的时候，想想你的目标；当你遇到问题时，想想你的目标。在日常生活中，思考和谈论你想要什么以及如何得到它。当你这样做的时候，你就会变得越来越积极和乐观。

2. 保持乐观的第二个关键点是在每一种情况下都要寻找好的方面。每当事情进展不顺利——当你遇到问题时——立即停下来说：“好吧，这很好。”然后深入了解情况，找出什么是好的。

当你在每一个困境中寻找一些好的方面时，你总能找到它。你可以把它想象成一个调光开关。你手动控制调光开关时，你可以调亮或调暗。如果你把开关顺时针旋转，你的灯就会变亮；如果你把它逆时针旋转，你的灯就会变暗。

你的大脑也有一个类似调光器的开关，它是由你的思想控制的。当你的精神调光开关调亮时，你是积极的、有创造力的、快乐的和有活力的，你有很好的幽默感，你可能是最优秀的人；当你的精神调光开关调暗时，你是消极的，你生气、担心、害怕。你的工作是让你的调光器大部分时间处在最大挡位（保持乐观），这要怎么做呢？每当你思考和谈论你想要什么，或者你在特定情况下寻找好的方面时，你的调光开关就会开到最大，你就会变得积极、有创造力。

3. 要在每个问题中吸取宝贵经验。成功的人意识到，每一个问题、困难、挫折或障碍都包含宝贵的经验，可以帮助他们在未来更加成功。我已故的朋友诺曼·文森特·皮尔（《积极思考》的作者）曾经说过："当上帝想给你一份礼物时，他会把它包装成一个问题。上帝想要给你的礼物越大，他用来包装的问题就越大。"

你可能会觉得像是在圣诞节的早晨，家里到处都是礼物，你遇到的每一个问题或困难都包含着某种礼物。

想象一下，宇宙中有种伟大的力量，它希望你在未来获得成功和快乐。这种伟大的力量知道你有着执拗的本性：只有在痛苦面前，你才能学到成功所需的经验。因此，这种巨大的力量会定期给你经验教训。每一个人的成长都伴随着某种痛苦，可能是身体上的痛苦、经济上的痛苦，或者是情感上的痛苦，但总归是伴随着痛苦，而痛苦是为了吸引你的注意。

当经历使你苦恼、焦虑或悲痛的事情时，你要问：“这里所包含的经验是什么？我还打算在这里学些什么呢？”如果你认真思考，你总会找到一条或多条教训。伟大的灵魂是那些能从小事中学到伟大经验的人。

有些人要被打击几次才能接受教训。当其他人经历痛苦时，他们会说：“我想知道这是一个什么教训。”

当你寻找经验教训时，你的调光开关会开到最大，你会成为一个积极的人。当你在每个问题中寻找经验教训时，你总是会找到一些东西，有时这些东西可以助你成功。很多时候，你会回过头说：“感谢上苍，这些事之前发生过了，因为它给了我这个教训，让我能够在今天的这种情况下获得成功和快乐。”所以，要走在积极的正道上，探索经验教训。

还要记住飞去来器定律：如果你想影响别人，就在事情出现问题时帮助他们寻找好的方面。当有人遇到困难时，你可以说：“你知道，每件事情都有好的方面。我想知道在这件事里会是什么？”然后帮助他们集中精力寻找好的东西。当一个人遇到挫折或阻碍时，你可以说：“每个问题都有一个或多个经验教训。我想知道在这里会是什么。”然后帮助他们找出经验教训。在这两种情况下，你帮助这些人回到现实，调高他们的调光开关，让他们变得积极、有创造力，并引出这些困难包含的所有好处。同时，你会让自己成为一个更积极和更有建设性的人。

4. 用积极的、令人振奋的东西来充实你的思想——书籍、音频、课程、积极的对话、由积极和有建设性的人举办的沙龙与会议——这些会对你的头脑产生极大的影响。它让你更快乐、更积极，给你更多的能量，激励你做更多的事，而不是坐在那里在网上或电视上看糟糕的东西。

你应该负责

有个简单的药方可以帮助你应对恐惧、怀疑和担忧，让你变得更加乐观：所有的负面情绪最终都要归咎于你。如果你责怪别人，你会持有负面情绪。你只有在责怪别人的时候才会生气，当你责怪别人时，你只会感到愤怒。而当你停止责备时，你的负面情绪也随之停止。

消除负面情绪的方法是一遍又一遍地说**“我应该负责”**。每当你说出“我应该负责”时，你就终止了负面情绪，因为你不能既承担责任，又同时持有负面情绪。

“我应该负责”这句话非常有力。我花了4000个小时和 3 年的时间来研究这个心理学领域，因为我被这个概念的重要性所震憾。生活中所有的幸福和成功都来自积极的情绪。在没有积极情绪的情况下，负面情绪就会自动出现。但你可以通过说“我应该负责”来消除负面情绪。**“我不会责怪别人。我不是一个受害者。事情出了问题，我不会抱怨、批评、哀鸣或悲叹。我应该负责。”**

当你说“我应该负责”时，你会觉得自己生命中有一种力量。你能控制发生在你身上的事情，你头脑平静，对下一步该做什么有清晰的想法。

所有领导人都是高度负责的人。每本关于成功的书，无论是杰克·坎菲尔的《成功法则》(*The Success Principles*) 还是史蒂芬·柯维的《高效能人士的七个习惯》，都这样开头：“负责，承担责任，停止找借口。决定你想要什么，然后就去做吧。”

责任是童年期和成年期的分界线。当你还是个孩子的时候，你会把你的问题归咎于你的父母，他们做了什么或没有做什么。但当你成为一个成年人时，正如《圣经》所说，你要“放下幼稚的东西”(《哥林多前书》)。当你长大成人时，你会越过这条线，你会说：“我是一个成年人。从现在起，我就要对发生在我身上的事情负责。”从那时起，你的生活将会有所不同。

如果你爱并尊重你身边的人，就鼓励他们去承担责任。在我的公司里，我会说："这里的每个人都是他的个人服务公司的总裁。你有责任。如果出了问题，你就要负责解决它。"人们走进我的办公室说："我遇到了个问题，但我是自己公司的总裁。这是我的建议。"

我告诉我的孩子们同样的道理：永远要承担责任。如果他们见到我时正好哪里出了什么问题，我就会问："怎么了？"他们说："我有这个问题，我有那个困难，但我要负责任，这是我学到的。"

我的孩子们从小就学会了自我负责和学习经验。随着年龄的增长，他们的信心和自尊都增强了。他们知道自己可以处理任何情况，因为他们能够承担责任、寻找经验。你也可以。

负面情绪会让你感到难过，并把自己视为受害者。承担责任会让你感觉到自己很强大，可以控制自己和生活。承担责任和控制感之间有一种直接的关系。正如我已经指出的，拥有控制感和积极情绪之间也有直接的关系。你自我感觉很好，因为你觉得自己在控制着生活。当你决定承担责任，你就能完全掌控一切。当你完全控制了一切，就会感到快乐。

积极的肯定——你带着情感对自己做积极的陈述——

是一种完全控制自己的情绪并为自己在未来的成功制订计划的方法。

积极的肯定能让你在比你以往所想象的更高的水平上释放你的潜力。最强大的自信是建立在“我喜欢自己，我应该负责，我能行”这些陈述之上的。

通常在你早上起床的时候，你不会说“早上好，上帝”，你会说“天哪，现在是早上”。你可以马上开始说：“我喜欢自己，我热爱我的工作。我喜欢自己，我热爱我的工作。”让自己兴奋起来。很快你就会开始感觉良好，你会感到快乐。你的大脑会释放出内啡肽，这是天然的快乐药。你的肝脏会释放糖原，这是一种能量，你会感到充满活力，并准备好去行动。

建立积极心态的 5 种方法

有 5 种方法可以建立更乐观、自信和积极的心态：

1. 不受限制地为你理想的未来创造一个激动人心的愿景。构思一个激动人心的未来的行为会提升你的自尊，改善你的自我形象。想象美好的生活会激励你，让你快乐。想象一下你的收入是现在的 2 倍，然后想象你的收入是现在的 3 倍、5 倍和 10 倍。

想象一下你自己在各个领域都过着美好的生活。找到一些富人阅读的杂志——比如《罗博报告》（*The Robb Report*）或《建筑文摘》（*Architectural Digest*）——上面有美丽的房屋、游艇、飞机、手表、衣服和度假村。阅读那些杂志，然后说“我能做到，我要这么做”。

把你自己放在广告的图片之中。想象一下，你可以住在这样的房子里，你可以享受这样的假期，你可以乘坐这样的游艇巡游，你可以穿这样的衣服。你脑海中浮现的这些画面越多，你的超意识就会越努力找到方法使它们成为现实。

2. 为你的未来制定书面的目标和计划，并每天努力实现它们。正如激励大师厄尔·南丁格尔所说，“幸福就是逐步实现一个有价值的理想”。当你觉得自己在朝着对你很重要的事情前进时，你会感到快乐，你会感到强大，你会感觉自己在控制着自己的生活。虽然还没有到达目的地，但是前进给了你积极的动力。

用 3P（positive，personal，present）形式写下你的目标：**积极的、个人的、现在的**。

第一，使用现在（present）时态。你的潜意识除了现在时，不能处理其他时态。写下你的目标，就好像这个目标已经实现了一样。例如，“我每年挣 X 美元”“我把 X

磅作为我的永久体重”，一旦说出来就好像这已经是事实一样。这会在你的潜意识和超意识中产生一种动力，并每天24小时“工作”，使你的新命令成为现实。

第二，总是用积极（positive）的方式来陈述你的目标。你的潜意识不能接受一个负向的命令。它不能接受“减肥”，所以你要换一种方式，说“我重X磅”。不能说“戒烟”，而要说“我是不吸烟的人”。

第三，使用第一人称（personal）。用单词“我”加上一个行为动词的形式来表达。你是宇宙中唯一能用“我”这个词来形容自己的人。每当你使用“我”这个词时，你的潜意识就会意识到这是一个来自总部的命令——“我”挣钱、“我”卖出东西、“我”实现、“我”行动、“我”完成。每当你使用“我”加上一个行为动词时，它就会对改变自身行为产生强大的影响。

还有一种让目标为你工作的方法：用3P的形式写下你的目标并在每天早上重写它们（积极的、个人的、现在的），写在一个活页笔记本上。或者你可以把每个目标用大写字母写在卡片上，并在一天里定期反复阅读。读完卡片，闭上眼睛，把这个目标想象成现实。请将这些卡片随身携带，每当你有空闲时间，就把它们拿出来，对自己读出目标。每次你读目标时，你的潜意识就会为这些命令拍照，这些命令最终会深入你的潜意识。

最后，你在书写和重写目标时，会在内心产生一种感觉，这种感觉通常伴随着目标的实现。如果实现目标后你会感到自豪，那就想象一下自豪的感觉。如果你会感到自信、被喜欢、被爱——无论是什么——如果你能将情感与目标联系起来，这两者会对你的潜意识和超意识产生更大的影响，目标会更快实现。

3. 下决心在工作中做到最好。下决心进入前 10% 并把它作为一个目标。除非你把它设定为一个目标，否则你永远不会成为前 10% 的成员。当我和人们交谈时，我会问："这里有多少人决定在他们的职业生涯中变得平庸？"没有人会举手。我说："你知道吗，你的大脑中有一个自动默认机制，如果你不决定成为优秀，你就会默认保持平庸。"

人们震惊了。他们会说："我想做好我的工作。"我说："你已经决定了吗？你把它写下来了吗？你把它定为一个目标了吗？你每天都在工作吗？你是否经常评估自己并从别人那里得到反馈，让你知道自己做得有多好？""不，我不这么做，但我想做好我的工作。"

这还不够。你必须非常清楚是否要进入前 10%，而且你必须坚持不懈地工作，直到你成功做到了。

好的消息是，你在自己的领域里朝着变得更优秀的方向所迈出的每一步，都会提升你的自尊和自信，释放实现目标的能量，激励你、推动你向前，赢得周围人的尊重、尊敬和赞扬。回报就是这段旅程能到达目的地。

这里有一个问题：如果你绝对擅长，有哪一种技能能帮助你进入你所在领域的前 10%？不管这项技能是什么，都要写下来。列出你能做的每一件事来发展这项技能，并每天做这些工作。

请记住，自尊的另一面是自我效能感。当你致力于追求卓越，在你所做的事情上变得非常优秀，你会更喜欢自己，并且在每个领域都表现得更好。

4. 有效地处理问题和障碍。生命就是一系列无穷无尽的问题，就像海上的海浪一样。正如亨利·基辛格所说，“你在解决问题中所得到的只是解决更大问题的权力”。你高效处理问题的能力，是个人力量、自尊和自信的关键。不管发生什么事，总是从说“我应该负责”开始。掌握控制权，然后专注于解决方案，而不是问题。想想能做什么，而不是发生了什么。积极思考那些你可以立即采取的行动来解决问题。积极、建设性的行动和自信之间似乎有着直接的关系。

5. 每天致力于实现你的目标。今天就决定进行一项为期 21 天的积极心态饮食计划。培养一个中等复杂度的新习惯大约需要 21 天。有了“21 天积极心态饮食”，你就可以完全控制你的现在和未来。在这 21 天的时间里，你下决心思考和谈论你想要什么。比如说，“好吧，21 天之后，我就可以恢复原状了，但这些天，我只会考虑我想要什么。我只会考虑我能采取什么行动来得到它。”与此同时，你拒绝批评、抱怨或责怪别人，你只是拒绝就好。

如果你执行了这些步骤，你将在 21 天里重新规划自己的生活。你将在你的大脑中建立一系列全新的神经轨迹，使你在大部分时间都能轻松、自动地积极思考。正如德国诗人、哲学家歌德所说，“万事开头难”。

成为一个积极、专注、精力充沛的人容易吗？不容易，但通过练习和重复是可以学会的。你新养成的积极思考和积极行动的习惯很快就会变得轻松、自然。你会在早上起床就喜欢你自己、喜欢你的工作。你每一天都会知道，“我能行，我想做的任何事我都能做到”。每当你遇到问题时，你就会说：“我有责任，我掌管着我的生活。”你会成为一个完全积极的人，你将完全控制你的思想和情绪。

CHAPTER 4

第 4 章

如何影响他人

前述的几个凤凰新生的基本步骤都与你有关：利用你的精神力量，决定你在生活中想要什么，并相应地指引你的思想。现在是时候转向影响你成功的另一个主要因素了：其他人。

约 85% 的成功将取决于你与他人有效沟通的能力。你所完成的几乎所有事情都会以某种方式与他人联系在一起。你的快乐和办事结果有 85% 与他人相关。因此，你沟通的质量决定了你各种关系的质量，以及你的生活质量。好消息是，沟通是一种可以通过训练习得的技能。

5 个互动的目标

以下是你与他人互动时需要实现的 5 个最重要的目标：

1. 你希望人们喜欢你、尊重你，以加强和认可你的自我形象。我们对自己的看法和感受会受到他人对我们的看法和感受，以及我们如何看待他人对我们的看法和感受的强烈影响。如果我们认为人们喜欢我们、尊重我们，我们就会更喜欢和尊重自己，会在工作中做得更好，也会得到更好的结果，还会与他人相处得更好。

2. 为了建立你的自尊和价值感，你希望人们觉得你是有价值的、是重要的。我们的自尊很脆弱，就像一块威尼斯玻璃。人们可以通过做或不做、说或不说来提高或降低自尊。我们希望别人认可我们的自尊，希望别人觉得我们很有价值。

3. 我们希望能够说服其他人接受我们的观点，这样我们就可以把产品、服务和想法卖给其他人。

你知道说服力是你整体个性的表现吗？个性出众的人都很有说服力，个性平平的人则往往缺少说服力。

如果你的工作领域是销售或商业，那么说服他人的能力是至关重要的。银行借钱给你，客户购买你的产品，供应商给你赊账，这对你的成功是绝对有必要的。

4. 你想让人们改变主意，并与你合作，以实现你的目标。

5. 你希望自己能在个人和事业的所有人际关系中，都强大、有作为。这也是在生活、爱情和领导力方面取得成功的关键。

情商

1995 年，心理学家丹尼尔·戈尔曼出版了突破性的畅销书《情商》。在书中，他认为 EQ（情商），也就是你的情绪智力，比 IQ（智商）更重要。他得出的结论是，你说服他人的能力是你所能发展出来的最高形式的情商，也是衡量你作为一个人有作为的真正标准。

那么，你是如何将你的想法传达给别人，让人们与你合作，并发展出沟通、影响和说服他人的能力的呢？第一个关键点是，人们做事是基于自身的原因，而不是你的原因。为了有效地沟通并说服他们，你必须找出他们的动机。

第二个关键点是脱离自我，进入对方的思想、内心和处境。关注对方的需求和欲望，而不是你自己的。我的朋友艾德·福尔曼曾经说过："如果你能通过乔·琼斯的眼睛看到乔·琼斯，你就可以把乔·琼斯想买的东西卖给乔·琼斯。"你要不断地试图通过别人的眼睛来看清现状。

在进行重要的销售或谈判之前，我通常会坐下来写一份清单，列出对方在谈判中想要和需要完成的所有事情。一旦这样做了，我就会回过头问自己如何组织我方的提议或陈述，使其与对方的需求相协调。每次这样做，我都得到了极好的结果，无一例外。从为他人着想开始，你会惊讶地发现，自己是一个多么优秀的沟通者。

第三个关键点是只有当别人相信你可以为他们或对他们做些什么，或者他们相信你能阻止别人对他们或为他们做什么时，你才能说服他们。他们看着你说"这个人能对我做什么或为我做什么"或者"这个人能停止别人对我或为我做什么"？

人们主要被两种因素激励着。第一种是对收益的渴望。每个人都想要更多。在有记载的 6000 年历史中，追溯到古代苏美尔人最早的市场，顾客只购买一件东西——改善。他们购买是因为他们觉得买了之后生活会比以前更好。他们渴望身体、物质、财务、情感上的收获——自豪感、安全感、心灵的平静、财富、价值、成长、利润。第二种是对失去的恐惧。这可能是身体上的损失或危险，不安全感，物质或经济上的损失，情感上的损失，失去爱、感情、尊重，等等。这两种力量在与你交谈的每个人的脑海中来回竞争。在任何情况下，你的工作都是说服他们，让他们觉得与你合作比与其他人合作更好。

这里有一个规则：在激励人类的行为方面，对失去的恐惧是对收益的渴望的 2.5 倍。如果你要展示一种产品或服务，需要展示潜在客户会如何受益，但如果他们不购买，也要展示不购买会出现的损害或损失。尝试激发这两种动力：对收益的渴望和对失去的恐惧。

一切都是感知。人们如何感知 / 看待你——你会在某种程度上帮助他们还是伤害他们——在很大程度上决定了他们对你的反应。当你和某人说话的时候，你可能会觉得这个人对你没有任何帮助，也不会伤害你，他对你来说是无关紧要的。然后有人过来说："哦，顺便问一下，你见过这个人吗？这个人可能是你产品的百万美元客户，他现在急于购买。"突然间，你对这个人的整个看法都改变了。

人们所有的行为都是基于权宜之计，这意味着人们总是努力以最快、最简单的方式获得他们想要的东西，而很少考虑他们行为的长期后果。他们想要，现在就想要。父母在孩子身上最难培养的事情之一就是长远的眼光：从长远考虑他们现在正在做的事情。人们说，“我想吃块儿芝士蛋糕”，但他们不去考虑，自己必须锻炼多长时间才能代谢掉那块儿芝士蛋糕的热量。

最大的动机诱发因素是人们寻求快速、简单的权宜之计来得到他们梦想的东西。你的工作是让你的想法或建议看起来是别人实现他们的个人和商业目标的最方便的方式。如果你不能告诉对方，达到他们的目的最快、最简单的方法就是做你想让他们做的事，那你就不能指望他们会接受你的建议。

说服别人的 4 个关键点

说服别人有 4 个关键点，我们称之为 4P（personal power，个人权力；positioning，定位；performance，业绩；politeness，礼貌）。

第一个关键点是**个人权力**。越多的人认为你对人、金钱或资源有权力，他们就越愿意被你说服。相比于服务员过来让你做某事，美国总统走到你面前要求你做某事更容易影响你，因为我们认识到总统拥有对人、金钱和资源的个人权力。

第二个关键点是**定位**——人们如何思考和谈论你，你在试图说服的人口中的声誉。当你因为有能力、善良、诚实、富有或是所在领域的专家而享有盛名时，你就会对其他人有更大的影响力。

第三个关键点是**业绩**——你在自身领域的才能和技能。在专业知识和技术方面的声誉能让你更容易地说服别人相信你的观点，而不是让他们觉得自己比你懂得多。

第四个关键点是**礼貌**——在与他人打交道时坚守善良、礼貌和尊重的原则。每个人最深层次的需求是被重视和有价值。当你满足了这种需求，人们会更愿意接受你的劝说，愿意接受你在沟通时所做的努力。

在心理学中，最强大的影响因素是喜欢。人们越喜欢你，也就越愿意被你说服和影响。这是有效沟通的关键。

让人们觉得自己重要

正如我所说的，最简单的沟通技巧就是让人们觉得自己很重要。有 5 种方法可以让人们觉得自己很重要。我们称之为 5A（acceptance，接受；appreciation，感激；admiration，赞美；approval，认可；attention，关注）。

第 1 个 A 是**接受（acceptance）**。接受的行为满足了深层次的潜意识需求。每个人都需要在工作环境、家庭环境和遇到的人面前感觉到被周围的人所接受，并且密切关注着这种感觉。每当两个人见面时，首先建立的是某种程度上的接受。

你表达接受的方式很简单：微笑，表现得好像看到他们很高兴。当我离开一两个星期后再次进入办公室时，我做的第一件事就是去见每个人，就像一只蜂鸟从一朵花飞到另一朵花。我对每个人微笑着说："你怎么样？很高兴见到你，能回来真是太好了。"见到每个人，对他们表达感谢并告诉他们，他们是我们公司的重要组成部分。你也可以做同样的事情。

顺便说一下，每次你见到家人（配偶或孩子）时，微笑着说："哇，是你啊！"就好像你很高兴再次见到他们一样。这会让他们觉得自己很重要，他们也会更容易被你影响。

第 2 个 A 是**感激（appreciation）**。表达感激非常简单：对人们为你所做的大大小小的一切事情说声"谢谢"。无时无刻不在表达感谢：当服务员给你端来一杯水时，请说声"谢谢"；当有人为你让路时，请说声"谢谢"；当有人为你打字完成一封信或带你去看客户时，请说声"谢谢"。

“谢谢”说得越多，你就越能让别人的自尊得到提升。他们会觉得自己更有价值而且很重要。他们会更喜欢自己，笑容满面，他们也会更喜欢你。当然，你也不能太频繁地说“谢谢”。

我的一个朋友写信给我，说他要去远东旅行。因为我去过世界各地的许多国家，他想知道我是否可以给他一些关于如何与当地人好好相处的建议。我说，“记住，和你打交道的每个人的收入都比你想象的要少，他们很看重个人价值。如果你知道这一点，就会有一次很棒的旅行。你需要做的就是学习如何用他们的语言说‘请’和‘谢谢’。每当你遇到别人，微笑着说‘请’和‘谢谢’。无论他们为你做了什么，都要表达感激之情，这样你就会有一次美好的旅行。”

两个月后，我的朋友回信给我，说这是他一生中得到的最好的建议。他简直不敢相信。无论他走到哪里，即使人们很冷漠或保守，当他说“请”“谢谢”并微笑时，他就得到了他想要的一切。他升级到了更好的房间，他在餐馆里得到了更好的桌子——这一切都是通过让别人觉得自己很重要获得的。

第 3 个 A 是**赞美（admiration）**：你对他人的特质、成就和财产表示真诚的赞美。每个人都喜欢被赞美。被赞美让人们觉得自己很有价值而且很重要。

人们在生活的不同方面投入了大量的情感。如果一个人很守时，可以对他说："你知道，你是整个公司最守时的人。"如果一个人坚持不懈，就说："孩子，你真是个坚持不懈、永不言弃的人。"人们对自己的个性特征感到非常自豪，因为他们花了很长时间才培养出来。如果一个人完成了某件事，例如从大学毕业，获得了一个学位，或者获得了一个证书，那么可以赞美他说："哇，那真的很棒。你一定为此感到骄傲，那一定花了很多工夫。"那些花了很多时间在这些成就上的人真的会为自己感到高兴。

赞赏他们的所有物，尤其是衣服。当你称赞一个人的头发或衣服——男人的衬衫或鞋子，女人的衣服、手提包或发型时，他们就会兴奋起来。他们觉得自己有价值，自尊会上升，他们不仅更喜欢自己，还会在你面前感到更快乐。你只需要几秒钟的时间来确认，并指出一些值得称赞的东西。

第 4 个 A 是**认可（approval）**。你通过表扬那些很小的成就和很大的成就来表示认可。自尊是一个人觉得被称赞认可的程度。当你表扬一个人做得好，认可他所付出的一切，他的自尊就会飙升，也会感到非常快乐。

关键点是，你的认可要具体，并且要及时。如果一个秘书帮你打字完成了一封信，不要说“你是一个伟大的秘书”，而应该说“这是一封非常好的信”。在打字完成后立即告诉她，立即给予认可，因为认可离事件发生得越近，对方就越有可能跟进并重复这种行为。

延迟的表扬或认可对人们的情绪或行为几乎没有影响。如果你等了一周或一个月才表扬，那就太晚了，他们会忘记所有的前因后果，只会翻白眼，所以要立即表扬。当我听说有人做了好事，我立即给他打电话、发电子邮件表扬他。

最后，第 5 个 A 是**关注（attention）**，即倾听人们说话。这一点很强大。当你倾听别人说话时，他们会对自己感觉很好。他们觉得自己很有价值、很重要，他们会像鲜花一样敞开心扉接受你的影响和说服。

每一种行为都能提高别人的自尊，使他们对你更开放，也更渴望帮助你实现目标。

倾听的白色魔法

事实上，有效倾听是领导、说服和良好沟通的关键。它是如此强大，以至于通常被称为白色魔法。成为一个伟大的倾听者有 4 个关键点：

1. 仔细倾听，身体前倾，不要打断。你仔细倾听对方说话会提高对方的自尊感，让他们觉得自己被重视、有价值，并感到快乐。他们的大脑会释放内啡肽，这让他们觉得和你在一起很开心。有效倾听而不试图打断是非常有用的。

当你听一个人说话时，想象你的眼睛是太阳光，你想把对方的脸晒黑。你听得越仔细，你眼睛投射出的光线就越强烈，对方的肤色就被晒得越好。如果你还想让对方的脸完全晒黑，继续上下移动你的视线，看着对方的嘴和眼睛，点头，微笑。这对他们产生良好的自我感觉并喜欢上你有很大的影响。

2. 在答复之前先暂停。换句话说，当一个人停下来喘口气时，不要轻率地发表你的意见，在谈话中适当保持沉默。

这在三个方面对你有利。首先，如果这个人只是在重组他的思路，你就可以避免打断别人的风险。其次，它能让你听到更深层次的声音。当你停下来倾听的时候，你可以真正听到和理解这个人说的话，这要比你直接插话好得多。最后，停顿会告诉对方，你认为他的话是重要的，言外之意，你认为他很重要。

3. 澄清性提问。永远不要以为你知道别人说的话是什么意思。如果你有任何问题，就问："你想说的是什么？"每当你问这个问题时，对方就会详述他们刚才说的话。然后你停下来说："你到底想说什么？"他们还会再次阐述。有时候，你可以通过重复这个问题来完成整个对话。

你还可以问第二个问题："那你做了什么？"如果他们告诉你发生了什么事，并停下来看你是否真的感兴趣，你就可以提问："接着你又做了什么？"然后仔细聆听答案。

你可以问的第三个问题是："你对此觉得怎么样？"人们通常会回答关于感觉的问题。当你问"今天感觉怎么样"的时候，人们总是会给你一个答案。所以你可以问：你对那笔交易感觉如何？你觉得你的新邻居怎么样？人们总是会回答关于感觉的问题，这会给你一个点头和倾听的机会。

提出问题的人可以控制回答问题的人。你问的问题越多，你在谈话中的控制力就越强。

4. 反馈你所听到的，并用你自己的话说出来。这是对听力的严峻考验。当对方说完话，你说："让我确保我理解了你在说什么"或者"你说的是……"。你重新组织他们的话语，直到他们说："是的，就是这样。这是我关心的事情。我就是这么说的。"

这向对方证明了你是真的在倾听。你可不像那种头在车后晃来晃去的小狗。你是真的在听他们说什么。这向对方证明了你关心他们以及他们所说的话。

可信度

在说服力、影响力和实力沟通中，最重要的一个词是**可信度**。一个人有多喜欢你、信任你、相信你说的话，这取决于你的可信度。关于可信度的规则是，一切都很重要。一切事情都有帮助性或伤害性，任何事情都会增加或削弱你的可信度。没有什么是可以被忽视或假装看不见的。

取得信任的关键是要值得信任。遵守你的承诺，说到做到。每次会议都要准时参加。树立诚实和可靠的声誉。比起那些提供更好、更便宜的产品或服务但不可靠的公司，人们会从那些可靠的公司购买更多的东西，为它们支付更多的钱。

成功着装

为了与他人有效沟通，你必须阅读这个部分。人们有 95% 的思维方式是可视化的。他们会通过照片想到你。给人留下第一印象只需要 4 秒。当你与人第一次见面时，他们会看你一眼，就像快照一样。他们眨了眨眼，就对你产生了第一印象。

人们只需要 30 秒就能最终确定对你的印象。换句话说，一旦一个人对你有了第一印象，他就会开始观察，他的大脑就会开始像快干的混凝土一样凝固。如果你不在接下来的 30 秒内改变第一印象，他的想法就会定型。在这种印象定型后，这个人就会寻找理由来证明和验证它。这被称为**选择性感知**。他会寻找信息来验证他已经确定的内容，同时拒绝与此相矛盾的信息。

为成功而着装，因为你的衣着占你给人第一印象的 95%。即使在炎热的天气，你的衣服也要覆盖 95% 的身体。

当我还是一个年轻的推销员时，我买了一套不适合我的廉价西服，并随意买了一条领带，然后把它们拼在身上。因为我家没有人打过领带，所以我对如何穿戴它一无所知。

有一天，一位年长的推销员把我拉到一边说："我能对你的衣着提一点建议吗？"他对此非常犹豫，因为大多数人对自己的衣着和打扮都很敏感。我说："当然。你认为我能改进些什么吗？"他说："是的，让我来告诉你一些在商务场合如何着装得体的事情。”他开始谈论西服的悬挂方式、剪裁方式、接缝、领带与西服和衬衫的搭配方式、裤子的长度、袜子和鞋子的颜色。我真不敢相信着装竟有这么多讲究。然后他把我介绍给一位裁缝（不是很贵），这位裁缝给我做了一套西服。在《今日心理学》杂志的一项研究中，研究人员向人们展示了 3 秒男性穿着定制西服的照片，人们会将照片上的男性描述为“更自信、更成功、更灵活”，认为他们比那些穿着普通西服的男性收入更高。

一套适合我的西服和一套从货架上买来的西服之间的差异几乎是天壤之别。在那之后，我去买了很多本关于如何穿着得体的书。在这个问题上，我从最优秀的人那里得到了建议。现在，当我参加一个研讨会时，有人走到我跟前说：“你知道，我是一名形象顾问，我每天收取 500 或 1000 美元的费用，为人们提供正确着装的建议，而你的穿着无可挑剔。”穿着漂亮得体的衣服会给人留下深刻的印象。

着装对职业界的女性来说也非常重要，以至于成立了一个国际非营利组织“成功着装”（Dress for Success），它以约翰·莫洛伊的一本著名畅销书命名，宗旨是“通过提供支持网络、职业着装和发展工具，帮助女性在工作和生活中茁壮成长，从而实现经济独立”。

尽量获取并阅读关于如何在你的事业或职业中成功着装的书籍和文章。一些衣服、颜色和组合的着装会让人们立即对你肃然起敬；而另一些穿着会让人们看低你，用怀疑的眼光看你。

看看你周围最成功、最受人尊敬的人，让他们成为你的榜样，并模仿他们的着装和打扮方式。我想在商业上取得成功，所以我会读商业杂志。我还会浏览那些刚刚被任命为更高级职位的人的照片，观察他们的穿着方式。无论男女，他们的着装看起来都很棒。

快速变化的时代也在改变着装标准。最近几十年，许多职业已经从标准的西服、领带（男士）转向了“商务休闲装”。对于男性来说，通常是宽松长裤或斜纹棉布裤、正装鞋（不是运动鞋）、彩色衬衫（没有领带）和运动夹克。对于女性来说，通常是衬衫、裙子或休闲裤，以及高跟鞋或平底鞋。当然，不同行业和职业的风格差异很大，所以你需要观察你所仰慕的人，并从他们的穿着方式中得到启发。

永远为你将来想要从事的工作着装。如果穿着得体，你的老板会自豪地把你介绍给客户或参观你公司的人。将你崇拜的人作为你的榜样：模仿他们的着装方式，模仿他们的打扮方式。物以类聚，人以群分。人们会提拔那些看起来像他们的人。

当你要把东西卖给别人时，你就是在给他们建议。按照为他们提供建议的人——银行家、律师、会计师——的方式着装。准备是沟通和建立信誉的有力方式。

做准备与可信度

每次会议前都要做好功课。当你为会议做好充分准备时，人们会立即感受到。当你在会议上说“非常感谢你抽出时间。我花了一点时间上网查看你的网站。我很惊讶地看到你已经做了 12 年的生意，你的公司有 127 人，你是市场上这种特定产品或服务的顶级经销商。你是怎么做到的？”时，你的可信度直线提升到天花板：“什么？你已经做了一些研究，已经调研过我们，在来这里之前对我们有所了解？”这是你在推销和说服方面能做的最有用的事情之一。

当你没有准备好参加会议时，人们也会立即感受到。当你在会议上问“你在这里做什么？你做生意有多久了？这家公司是做什么的？”时，你的可信度会直接掉到地板上。（我年轻的时候也曾说过这些话。）

顺便说一下，关于准备的规则是：如果你能在其他地方轻松找到答案，就永远不要向对方组织里的人提问。戴尔·卡内基曾说，你必须赢得拜访客户的机会，而这个机会要通过提前做功课来获得。

影响商界人士往往要参考便利法则。尤其是在商业领域中，人们购买或拒绝购买是基于他们的结论，即你所提供的是不是满足他们现在需求的最快、最好的方式。

喜欢是在商业中进行有效沟通的最重要因素。人们越喜欢你，就越容易从你那里购买。可信度和信任是被另一个人说服的最有力的理由。不断思考你怎样才能更可信、更值得信赖。

有人曾经说过，商业中最重要的能力是可靠。社会认同是影响他人的关键。人们会参考那些接受你想法和产品的人，以及那些对你提供的东西感到满意的人的意见。

人们在做出决定时，非常容易被所谓的**相似群体**影响，即跟他们相似的人。当你以销售人员的身份去拜访医生时，你可以说："许多别的医生现在正在使用这个产品，并取得了很好的效果。"这将立刻提高你的可信度，并让医生对了解更多关于你产品的信息持开放态度。如果和卡车司机交谈，你可以说现在很多卡车司机因为某个原因使用这个产品。如果和房地产经纪人交谈，你可以说顶级房地产经纪人一直使用这个产品。

换句话说，当你与某人交谈时，要提及他们领域的其他人也在使用你的产品或服务。利用来自这些人的信件，利用类似领域的人的名单，并且利用在类似领域使用你的产品或服务的人的照片。

你通过聚焦于收益来创造购买欲望，并不断回答这个问题："这对我有什么好处？"这是你必须一遍又一遍地回答的问题。经常向人们说明使用你的产品或服务的不同方式，经常展示当他们接受你的建议时，他们的生活或工作会如何改善。

性别差异

在沟通、说服和影响方面，男人和女人之间存在一些差异。虽然凡事都有例外，但基本上，男人是直接的，女人是间接的。男人像标枪，女人像拳击手：她们围绕着某个话题转。男人需要推荐，女人更倾向于从一堆选项中做选择。

在销售方面，如果你在和一位男士交谈，你要说："这里有三个选项，根据你所说的，我推荐的是……，出于 × × 原因。"对于一位女士，你要说："这里有三个选项，以下是利弊……，你更喜欢哪个选项?”女人喜欢做选择，男人喜欢别人推荐。

与男人和女人交流的另一个不同点在于，男人把语言作为工作的工具，他们会尽可能少地使用工具，而女人用语言来联系、培养和建立关系。男人喜欢快速做出实际的决定，女人更喜欢倾听她们的情绪，并花更多的时间来做决定。男人被成功、地位、权力、成果和成就所激励，女人更关心家庭、孩子、朋友和人际关系。

男人们喜欢谈论体育、商业和政治，女人们更喜欢谈论人、人际关系和情感。如果你参加过一个有两三对情侣的社交活动，你会发现男人们聚集在一起谈论体育、商业和政治。女人们聚集在一起谈论人、家庭、人际关系和情感。这些都是自然而然发生的事情。

每当我和三对夫妇一起出去吃饭时，我总是把三个女人放在一起、三个男人放在一起。人们会说：“男女搭配的形式怎么样?”我说：“夫妻平时在一起的时间很多。让我们把女人放在一起，因为她们会立即开始谈论女人感兴趣的事情。男人会立即开始谈论男人感兴趣的事情，两组人都会玩得很开心。”

还有一个有趣的观点：男人一次只能关注一件事，女人可以同时说话、倾听、互动和做其他事情。

为了更好地与女人相处，男人需要多问问题，认真倾听，少提供建议或解决方案。女人可能会对男人提出问题，比如，“我在工作中遇到了这个问题，你怎么看？”事实上，她已经决定好要做什么了。

她只是要求开始一场对话，因为女人喜欢和她们生活中的男人交谈。她们将此作为开启一场对话的机会，她们最不想要的就是一个解决方案。

男人会给出一个具体的解决方案，然后继续看电视。那不是女人想要的。她想听到的是：“哦，这是怎么发生的？你觉得你应该怎么做？”一个女人可能会问这样的问题：“我应该戴这些耳环还是那些耳环？你认为哪个最适合这件衣服？穿这双鞋还是那双鞋？你更喜欢哪一双？”如果你说“我喜欢棕色的”，她会说“我想我会穿米色的”。她几乎已经决定了要穿什么，她只是想说话而已，所以把这个问题扔回给她，问一些问题并征询她的意见，而不是给出建议或解决方案。

为了更好地与男人相处，女人需要更加直接。女人要清楚自己想要什么，并寻求帮助或参与其中。女人会“读心术”，但男人却不会。每个男人都有过这样的经历：他打电话回家，说“你好”，女人会问“怎么了？是你的老板吗？是今天早上发生的事吗？”她会把这一切和“你好”

结合起来。这就像电影《甜心先生》中的一句名言，女主角说："你跟我打招呼那刻便打动了我的心。"她从一声"你好"便知道了一切。女人就是这样。

顺便说一句，男人和女人之间出现的一个问题是：当女人与其他女人互动时，她们可以读懂彼此的想法，知道彼此的感受。她们对这一点非常敏感，而且反应也很恰当。女人希望男人也是一样的。但我们不一样，因为男人不是那样的构造。女人有时会生气地说："为什么不一样呢？这是因为他没有去尝试。"不，那是因为他做不到。理解这一点非常重要。

男人并不太看重人际关系或沟通问题，女人则经常考虑人际关系和交流。这是两者之间的根本区别。男人的内心生活非常简单，女人的内心生活要复杂得多。如果你让一位男士和一位女士坐在沙发上看电视，男士的大脑将关闭到 20% 的容量，就像夜间办公楼的灯光一样。如果你在女士看同一个节目时，在她的头上放一个脑电图仪，会发现她 80% 的大脑被完全激活。她会想她在看什么，情节会如何发展，但她也会想她在当天早些时候做了什么，她明天要做什么，等等。

喜剧演员杰瑞·塞恩菲尔德曾经被问到"男人们会怎么想"，他的回答是："没想什么。他们只是坐在那里，他们没有想太多。”

一位女士走过来问：“你在想什么？”男士会认为他必须说点什么，尽管他什么也没想。最糟糕的是当一位女士过来对一位男士说“你有什么感觉”或者“你感觉怎么样”时，男士其实什么感觉都没有，他只是坐在那里。男人和女人互相理解他们在沟通方式上的根本差异是非常重要的。

现在就下决心成为沟通能力专家吧。阅读有关这个主题的书籍，参加关于有效沟通的课程，听音频节目，最重要的是：练习、练习、练习。

CHAPTER 5

第5章

构建模块

正如我们已经了解的，成功的一个基本要诀是知道自己想要什么，并致力于实现它。为了让自己走上正轨，你还必须知道如何设定并致力于特定的目标。

很久以前，几个非常成功的人聚在一起，谈论他们所取得的成就及其成因。其中一个人站出来说："你知道什么是成功吗？"其他人都安静下来听他说。他继续说："成功等于目标，其他都是这句话的注解。"

这是生活中最伟大的真理之一：**成功等于目标，其他**

都是这句话的注解。这是贯穿人类历史的伟大发现。只有当你清楚地知道你想要什么，计划着去实现它，并每天都按照这个计划工作时，你的生活才会开始变得伟大。

拿破仑·希尔曾经说过："失败的主要原因是，人们没有制订新的计划来取代那些不起作用的计划。"我发现，当你朝着一个新的目标前进时，大多数事情都行不通，至少第一次行不通。很多人尝试一次后就放弃了。成功的人屡败屡试：他们制订新的计划，制订不同的计划，尝试一些不同的东西。他们继续前进。

这些年来，我做了数千次广播和电视采访，人们总是问我："你人生的转折点是什么？什么是你通往大马士革之路上的索尔[一]？从白手起家到发家致富，是什么让你摆脱了人生的沟壑？"

以前听到这些话时，我会很生气，因为它假设有一个可以让人快速成功的窍门，所以我会围着这个问题"打太极"。后来有一天，我想到："我的人生有转折点。"我意识到有3个。我发现它们是每个人的3个转折点。

[一] 《圣经》中写到，罗马青年扫罗在前往大马士革的旅途中，在索尔这个地方与耶稣发生了神秘且超自然的遭遇，之后扫罗放弃了自己原先的犹太教立场，转而成为基督教的传教者。扫罗即后世被称为耶稣十三门徒之一的圣保罗。——译者注

我人生的第 1 个转折点是，我发现要对自己的生活和发生在自己身上的一切负责。我明白了，今生并不是为其他什么而做的彩排。这就是真实的一切。

这对我来说是一个真正的冲击。直到那时，我还责怪我的背景、我的父母和发生在我身上的事情。突然，就像脸上被闪光灯打到，我意识到我要负责任，如果我的生活要有什么改变，我必须自己改变它。

对成功人士的每一项研究都表明，他们的出发点是承担个人责任。在那之前，什么也没发生。在你承担起全部责任后，你的整个生活就开始改变了。

我人生的第 2 个转折点是在大约 24 岁的时候，我发现了目标。我不知道自己在做什么，我坐下来并列出希望在可预见的未来完成的 10 件事。虽然我很快就弄丢了这个清单，但 30 天后，我的整个生活都改变了。我清单上的几乎每一个目标都已经实现或部分实现了。

我人生的第 3 个转折点是，我发现为了实现自己设定的目标，可以学习任何需要学习的东西。没有人比你聪明，没有人比你更优秀，所有的商业技能、销售技能和赚钱技能都是可以学习的。

今天，任何一个领域的牛人都曾是该领域的平平无奇者，他们甚至曾经并不在该领域，也不知道该领域的存在。

众多成功人士在取得成功时所做的事情，你也可以做到。

设定目标的10个步骤

我想带大家了解一下设定目标过程中的一些关键步骤。

1. 在生活中的每个关键领域都精准地确定你想要什么。可以从理想化开始。理想化是全世界乃至整个历史上的顶尖人物所使用的一种特殊技巧。想象一下，你成为什么、拥有什么、做什么都没有限制。想象一下，你拥有充足的时间、足够的金钱、所有的朋友、所有的人脉、所有的教育、所有的经验，来完成你为自己设定的任何目标。

想象一下，你可以挥舞魔杖，让生活在以下4个关键领域都变得完美。如果你的生活在这些方面都很完美，那么会是什么样子？

第1个领域是收入。今年、明年、5年后你想赚多少钱？挥舞魔杖，没有任何限制地想象。

第2个领域与你的家庭有关。你想为自己和家人创造什么样的生活方式？你想住在一个什么样的家里？你想去享受什么样的假期？你想为家庭成员完成什么事情？想象一下，没有任何限制，你可以设计出完美的生活方式。

第3个领域与你的健康有关。如果你非常健康，会有什么不一样呢？你的体重会是多少？你的身材会有多健美？你早上什么时候起床？你会吃什么样的食物？如果你的身体非常健康，你会有什么感觉？没有任何限制地想象一下。

第 4 个领域与你的净资产有关。你想在职业生涯中储蓄和积累多少钱？你的长期财务目标是什么？

记住，你不可能击中一个你看不见的目标。财务目标越清晰，你就越有可能在实现目标的道路上做出正确的决定。

这里有个技术你可以使用，我称之为“三目标法”，即写下你现在生活中最重要的 3 个目标，花 30 秒，以最快的速度写出来。

你的答案准确反映了你在生活中真正想要的东西。我们发现，如果你只有 30 秒的时间来写你的 3 个目标，你的答案就像你有 30 分钟或 3 个小时一样准确。不知何故，你的超意识和潜意识会超速运转，砰、砰、砰——这就是你的 3 个主要目标。

2. 写下你的目标。它们必须是书面形式的，而且必须是清晰、具体、详细和可测量的。你必须写下你的目标，就好像你下了一个订单，要到远方的工厂生产一样。让你的描述尽可能清晰而详细。

只有 3% 的成年人设定了书面目标。这些人不仅收入是普通人的10倍，而且其他人都在为他们工作。在很多情况下，人们刚来到我们的国家时，谁都不认识，没有背景，不会说本地话。10年过去了，他们有了成百上千的员工，变得很富有。为什么？这是因为他们有目标，他们很清楚自己想要什么。

3. 设定最后期限。你的潜意识会利用最后期限，有意无意地驱使你按时实现目标。如果目标宏大，那就设定次级截止日期。例如，如果你想实现财务独立，你可以设定一个10年或20年的目标，然后将目标分解到每一年，这样你就知道每年要存多少钱、做多少投资。

如果由于某种原因，你不能在最后期限前实现目标，只需设定一个新的最后期限。没有不切实际的目标，只有不切实际的最后期限。有时候，你有一个合乎逻辑的、现实的目标，但局面、环境和财务状况都发生了重大变化，所以你必须设定一个新的截止日期。

4. 找出你为实现目标必须克服的障碍。你通过问“为什么还没有达到目标”来确定它们。

有一种法则叫作**约束法则**。这是我学过的最好的思维工具之一。它说，总有一个限制因素或约束——有时我们称之为瓶颈——决定了你实现目标的速度。那么瓶颈对你而言是什么？你的约束是什么？是什么阻碍了你？80/20

法则同样适用于约束条件。这是说，80% 阻碍你实现目标的原因在自己身上。它们通常是缺乏一种技能、缺乏某种素质，或缺乏某一知识体系。你没能实现目标的原因中，只有 20% 来自外部。永远先从自身找原因，问问是什么阻碍了自己。

5. 确定你为实现目标所需要的知识、信息和技能。特别是明确你为进入领域前 10% 的行列所必须培养的技能。记住，要实现一个你从未实现过的目标，你必须培养出一种技能并做一些从未做过的事。你最薄弱的关键技能限制了你的收入和成就。致力于提升一种阻碍你发展的技能，会比拓展其他技能让你取得更大的进步。

这是一个关键问题：你以优秀的方式培养哪项技能会对自己的生活产生最大的积极影响？你对哪种技能最擅长，最可能帮助自己实现收入翻番？

一旦你回答了这个问题，就把它写下来，制订一个计划，并每天努力发展这种技能。写下你能读的每一本书，你能听的每一个音频节目，你能采取的每一个行动，并且每天做些能在某些方面提升自己的事。

6. 确定你需要谁的帮助和合作来实现目标。列出你生活中每个必须共事或为之工作的人。

从家庭成员开始，你将需要他们的合作和支持。列出你的老板、同事和下属，特别是你将来需要的关键客户，他们能购买足够多的产品或服务，支付你想要的钱。

一旦你确定了未来需要去寻求帮助的关键人物，便问问自己，帮助你对他们有什么好处？做一个积极的付出者，而不是一个积极的获得者。要实现大的目标，你需要很多人的帮助和支持。在你生命中某个特定的时间和地点，一个关键人物的出现可以改变一切。

最成功的人是那些建立和维护最庞大人际关系网的人，在这个人际关系网中，他们可以帮助别人，作为回报，别人也可以帮助他们。

7. 列出你为实现目标所必须做的一切。写下你必须克服的障碍，你必须培养的技能，以及你需要寻求合作的人。列出你所能想到的为最终实现目标所必须遵循的每一个步骤。每当你想到新的步骤时，将它们添加到你的清单中，直到你的清单完成为止。

当你列出为实现目标要做的所有事情时，你就会开始发现，目标比你想象的容易实现得多。要记住“千里之行，始于足下”。你可以建造出世界上最伟大的墙，一次只需要加一块砖。

8. 把你的清单整理成一个计划。要实现这一点，你可以通过以下两种方式来排列所确定的项目：第一，按顺序；第二，按优先级。

如果按顺序安排一个计划，在做其他事情之前问问自己，什么是必须做的，应该以什么顺序做。如果按优先级进行排列，问问自己什么比较重要，什么不那么重要。一方面，80/20 法则表明，你 80% 的成果来自 20% 的行动；另一方面，80/20 法则表明，你花在设定目标和安排计划上前 20% 的时间，将抵得上在实现目标过程中所花费的 80% 的时间和精力。因此计划非常重要。

9. 将你的清单整理成一系列的步骤，从开始一直到完成。当你有了目标和计划时，你实现目标的可能性就会增加 1000%。许多统计数据证明了这一点。你无法想象一个书面计划的力量。

提前计划好每一天、每一周和每个月，在月初做月度计划，在周末做下周计划，在每天晚上做第二天的计划。你在计划活动时越认真越详细，你就越能在更短的时间内完成更多的事情。每在计划上多花一分钟，就可以在执行上节省十分钟。这意味着，提前计划好几天、几周和几个月的时间，你会收获 1000% 的回报。

10. 使你的目标可视化。为你的目标创造出清晰、生动、令人兴奋、有感染力的画面，就好像它们已经成了现实。看到你的目标，就好像已经实现了一样。想象一下你正在享受这个目标的实现。如果目标是一辆车，想象你自己开着这辆车；如果目标是度假，那就想象自己已经在度假了；如果你想要一个美丽的家，那就想象自己住在一个美丽的家里。

在可视化的过程中，也要花时间来模拟成功实现目标时的情感。一幅能与情感相契合的心理画面，会对你的潜意识和超意识产生巨大的影响。

可视化也许是你能获得的最强能力，它能帮助你比想象的更快实现目标。当你将清晰的目标与可视化和情感化结合起来，你便激活了超意识思维。你的超意识思维会解决你在实现目标途中所遇到的每一个问题。它激活了吸引力法则，开始吸引能帮你更快实现目标的人、环境、想法和资源进入你的生命中。

设定目标的练习

拿一张干净的纸，在页眉写上“目标”，以及今天的日期。训练自己写下至少10个你想在明年或可预见的未来实现的目标。每个目标都以“我”这个词开始。正如我所说，只有你才能用“我”这个词来形容自己。在“我”后面加一个动作动词，它将作为你从意识下达到潜意识的命令。例如，你可以说，我跑、我卖、我赚钱、我实现、我获得、我储蓄。在“我”后面加上动作动词，就像放下炸药雷管一样，它会在你的潜意识里爆炸。

当你写下目标时，用完成时的语句来描述它们，就好像它们都已经实现了一样。因为你的潜意识只会被完成时的语言所激活。如果你的目标是在一段时间内赚到一定数量的钱，你要说，我在这个日期赚到这个数目的钱。如果你的目标是买一辆新车，你要说，我在某个日期开这样的车。这是一个从你的意识下达到潜意识的明确指令。

同样，当写下你的目标时，你一定要以积极的形式写出来。你不要说“我会戒烟”，你要说“我不抽烟”。不要说“我会减肥”，你要说“我的体重是这么多磅”。永远把你的目标当成现实，就好像你已经实现了一样。这会激活你的潜意识和超意识，从而改变你的外在行为，使其与你的内在命令相一致。

接下来，明确你的主要目标。在列出了 10 个目标后，问问自己：如果我挥动魔杖就能在 24 小时内实现目标，清单上哪一个目标对我的生活有最积极的影响？当你回答这个问题时，围绕这个目标画一个圆圈，然后将它转移到一张干净的纸上，清楚详细地写下来。为这个目标设定一个截止日期，必要时设定次级截止日期。

找出你为实现目标所必须克服的障碍。确定一个最重要的内部或外部的障碍。确定你为实现目标所要具备的知识技能。确定那些你需要寻求帮助和合作的人，并思考你做些什么才值得他们帮助。列出你为实现目标所要做的所有事情，并把想到的新的事情添加到清单中。

按顺序和优先级安排你的清单：根据你必须先做的事情和最重要的事情排序。把你的清单安排成一个计划，从第一步到最后一步。然后下定决心每天都按计划行事。

根据你的目标，提前计划好每天、每周、每月必须参加的活动。然后训练自己，集中精力在今天最重要的事情上，直到 100% 完成。对清单上的每项主要任务都这样做。提前下定决心，无论发生什么，你都永远不会放弃。每次你坚持并战胜了原本不可避免的失败和失望，你就会变得更强大、更有韧性。你提升了自己的自尊和韧性。你实现目标将变得不可阻挡。

准确地决定你想要什么，把它写下来，制订一个计划，然后每天都去做。如果你不断重复这样做，直到形成习惯，你将在接下来的几周和几个月里完成很多事情，这些事比许多人在几年甚至一生中完成的都要多。从今天就开始做。

CHAPTER 6

第6章

时间管理

时间管理是实现目标或取得生活中任何类型成功的最重要的主题之一。其基本规则是：时间管理就是生活管理，实际上是对自己的管理。正如商业大师彼得·德鲁克所说，“你无法管理时间，你只能管理自己”。最成功的人是那些把自己管理得最好的人。

时间管理的质量决定了你生活的质量。我曾经认为时间管理是一个次要的主题。我原以为我是太阳，而时间管理是围绕着我的生活运行的行星之一。当我意识到时间管理才是太阳，生活中其他一切都是围绕着它运行的行星时，转折就出现了。如果你的时间完全被自己掌控，那么你生活中的其他一切也会这样。

时间管理是一种选择

好消息是，时间管理是一种可以学习并且必须学习的技能。有人说，“我不太擅长时间管理”“我不是很准时”“我有太多的事要做，时间也太少了”。这是你做的选择。

有时我也会和听众开玩笑。我说：“我发明了一种方法，能在 20 秒内教会人们时间管理，我可以在 20 秒内让这里的每个人都成为一个出色的时间管理者。你们想看看我的方法吗？”他们会说：“想看，想看。”我把手伸进口袋，就好像我在掏出一把手枪，并把它放在前排一个人的头旁边。我说：“我会在接下来的 24 小时里跟着你。如果你浪费 1 秒钟，我就打爆你的头。”

在这种情况下，你会成为一个好的时间管理者吗？我打赌你会。关键是，时间管理是一种选择，你可以选择好好管理你的时间。如果你必须赶上飞机，而那趟航班真的很重要，你将安排好生活的每个部分，保证提前到达机场，准备好上飞机。

你可以选择做一个好的时间管理者。一旦明白了这一点，你就会意识到这不是遗传的，不是你长大的方式，也不是你小时候的样子，这只是你做出的决定。

你现在的生活状况很简单。首先，你有太多的事情要做，而时间太少。无论你做了多少事，都有更多的事情要做。你的工作量和责任持续增加，这是作为一个成年人需要面对的正常且自然的事实。

这里有个启示：你永远追赶不上时间。每个人都有这样的想法：他会去寻找一种技术或方法，使自己能够迎头赶上时间。不，时间是永远也追不上的。管理时间的唯一方法就是停止做某些事情。

目标是时间管理的起点。你需要思考的是：我生活的真正目标是什么？我真正想完成的是什么？因为我们的大量时间都花在了做与我们真正目标无关的事情上。

提高你的生产率

如何提高你的生产率？以下有 5 个步骤：

1. 把你每天要做的所有事情都列成一个清单。前一天晚上写下这个清单，没有清单就不工作。

按照时间管理专家的说法，第一次使用清单可以使你的生产率提高25%。如果你的生产率、绩效和产出每年增加25%，你将每两年零八个月翻一番[⊖]。如果你的生产率和绩效提高一倍，你的成果就会翻倍。如果你的成果翻倍了，你的收入就会翻倍。仅仅按照清单开始工作，从第一天开始提高25%，你就可以每两年零八个月把收入翻倍，然后一次又一次地翻倍。

2. 将80/20法则应用到清单中。时间管理中最重要的一个词是“结果”。结果很好的事情具有很高的价值，结果一般的事情价值比较低。

3. 创建好清单，并将80/20法则应用到清单后，请使用ABCDE分级方法。A级任务代表你必须做的事情，如果你做或不做会产生重大影响；B级任务是你应该做的事情，可能是打电话或者给办公室里的人做登记，它会产生轻微影响；C级任务很好做，但没有任何影响，比如喝一杯咖啡、读报纸、上网。

规则是这样的：当A级任务未完成时，永远不要执行B级或C级任务。

ABCDE方法中的第四个字母是D，它代表**委托**。把你能做的一切都交给其他会做的人，以便为你的A级任

⊖ 作者的计算方法是每月提升2.1%，32个月的复合增长率接近于翻倍。——译者注

务腾出更多的时间。

最后一个字母 E，代表**清除**。清除所有价值较低或没有价值的活动。虽然你在一天中做了很多这类事情，但如果你从来没有做过这类事情，也不会有什么区别。

你委托和清除的任务越多，就会有越多的时间去做那些影响你生活的事情。

4. 不断地问自己四个问题。第一个问题是：为什么公司给我发薪水，我被雇用来做什么？如果你去找老板问这个问题，你的老板会怎么回答？我可以向你保证，他不会告诉你：给你发薪水是为了让你与同事和睦相处、上网、看报纸以及喝咖啡。公司给你发薪水是为了取得特定的成果。所有这样的成果汇聚起来，公司才能在激烈的市场竞争中生存下来并发展壮大。

你要问的第二个问题是：我能完成的最高价值的活动是什么？在你做的所有事情中，判断哪些事情是比其他事情更有价值的。

第三个问题是：我能做什么，什么事情只有我能做，我做哪件事情才能发挥真正的作用？在你的工作中，有些事情只有你才能做。如果你不做，就没有人会做，别人也做不好。但如果你做了，并及时做好，它们会对你的生活产生重大影响。

顺便说一下，这个问题的答案会随着优先级和活动的变化而变化。尽管如此，每一分钟都要问：我能做什么，什么事情只有我能做，我做哪件事情才能发挥真正的作用？

最后一个问题是：我现在最宝贵的时间用在什么地方？所有的时间管理书籍都可以归结为回答一个问题：我现在最宝贵的时间用在什么地方？不管是什么，确保这是你每天、每分钟都在做的事情。

5. 提高生产率的最后一个关键是专注于一件最重要的事情，直到它百分之百完成。一心一意地专注于你最重要的任务，可以节省多达 80% 的时间。

集中精力专注于一项任务，是热情和自尊的源泉。完成一项任务，会提升你的自尊，激励你做更多的事。

我一年写四本书。如果职业作家能在两三年内写成或出版一本书，他们就算是幸运的。人们会问：你怎么能写这么多书呢？因为我精力集中且专注。当我坐下来写一本书时，我有一系列的步骤。在继续下一步之前，我百分之百专注于完成当下的步骤。我所做的一切都是如此。当一心一意地集中精力时，你会惊讶于自己生产率的大幅提高。

创新型拖延

你会拖延吗？答案是肯定的：每个人都在拖延。没有效率的人会拖延，但高效率的人也会拖延。不同之处在于，顶尖人士使用创新型拖延：他们拖延低价值的事情，没有任何后果。没有效率的人会拖延那些对他们的生活有重大影响的高价值事项。

以下是克服拖延症的 10 个方法：

1. 设定明确的书面目标，并写下行动计划。把事情写下来的行为通常会激励你开始行动。一旦这样做了，你就会像滚石下山一般持续前进。

2. 把你的目标拆分成小而简单的多个活动。正如你知道的那个古老的问题：你怎么吃下一头大象？一次咬一口。如果你能把一个大目标分解成许多细小的任务，你就可以从一个小任务开始做。

3. 看看你一天中必须要做什么。选择一项单一行动，并立即开始。只激励自己说：“我现在就做这个，我现在就做这个。”立即开始一项任务通常会打破精神上的僵局。

4. 对任务使用瑞士奶酪法。把任务想象成一个有洞的瑞士奶酪。从一项大任务中选择一小部分，在这一小部分上打一个洞，仅仅就做这一小部分。有时候，仅仅完成一小部分任务就足以让你开始行动。

5. 对重要的工作采取切香肠法。把一项重要的工作（将其看作一整根香肠）分成一系列小的香肠片，然后从做一小片的工作开始。

6. 克服拖延症的另一种方法是完成 80/20 法则中 20% 的任务。有时候，你花在计划、组织和安排事情上的前 20% 的时间完成了整个工作量的 80%。你把一切都组织好、安排好、计划好，列出所有任务的清单。有时，这就会促进你完成工作。

7. 设置一个时间节点。在一项重大任务上工作 15 分钟。比如说，“我做不完整个工作，因为这需要很多个小时。我先工作 15 分钟，接着做其他的事，然后再回过头来做这项重大任务”。有时候，仅仅工作 15 分钟就会带你进入状态，而且你会不想停下来。

8. 建立一种奖励机制。完成一部分工作，给自己一份奖励。销售的一项活动是寻找客户：你必须拿起话筒给别人打电话，安排约见。一些销售员会在自己面前放一碟饼干，分成小块。他们会说：“每次联系到潜在客户，我都会奖励自己一口饼干。当完成了十次约见后，就奖励自己喝杯咖啡。”他们不担心约见，只是训练自己专注于奖励，克服自身的恐惧和改变发掘客户时拖拉的倾向。

9. 向别人做出承诺。告诉他们你会在某个时间内完成一项任务。当你想遵守诺言时，你会惊讶于自己完成任务的动力有多大。

10. 看看你的清单，想象你将被叫出城一个月，在你离开之前，你只能做这张清单上的一件事，你会选择哪一个？不管是什么，激励自己完成这一最重要的任务。通常这会促使你完成清单上的每一项任务。

一天做更多事

按照以下 7 个步骤，你可以在白天完成更多的工作。

1. 更快地工作。加快步伐，以提高工作节奏。快节奏是成功的关键。提高你的行走速度，提高你的工作速度。快速行动，持续前进，不要拖拖拉拉。

2. 更努力地工作。工作更长的时间。早一点开始，努力工作一点，晚一点下班。成功的人工作时间更长，他们在更长的时间里高效工作，就比普通人完成了更多的工作。

我最近读到一位女士的故事，她以前早上 5 点起床、锻炼，6 点开始工作，连续工作 3 个小时就完成了一天的工作。她做全职工作而不浪费任何时间，她还会完成第二天的所有工作。

随着时间的推移，这位女士只需在一天里工作更长的时间，就相当于工作 3 天。她不断得到晋升和加薪，直到成为高级管理人员和公司薪酬最高者之一，这仅仅是因为她工作时间更长、更努力。

3. 与他人一起工作。与他人一起完成重大任务。有时，如果你安排了一项流水线作业或授权他人去做部分工作，你就能在他人执行这些工作时做其他工作。你可能会惊讶于自己能完成更多的工作。

4. 简化工作。减少一些步骤，以便你能更快地完成更多的工作。合并或压缩工作，持续推进，并迅速完成它。工作越简单、步骤越少，完成的就越多，速度也越快。

5. 做一些你擅长的事情。当你做一些自己擅长的事情时，你犯的错误就会更少，这意味着你能在更短的时间内完成更多的事情。

例如，我在开始自己的职业生涯时，在一家大型广告公司担任广告撰稿人。我读了很多本关于写作的书，花了很多时间写广告和促销文案。

现在我的公司里，当有人需要产品宣传手册或计划安排等文稿时，他们会将任务发给我。我能在很短的时间内写出一份好的文稿，而其他不是干文案撰稿工作的人可能花几个小时仍然写不好。最后我写了成千上万字，我可以高兴地说，其中大部分都写得很好，因为我很擅长这个。所以，你需要思考的是：你擅长什么？你能在短时间内几乎没有错误地做些什么？

6. 打包你的任务。把类似的任务放在一起同时做，利用学习曲线。如果你要写一系列的提案，可以一次写几个。当你写到第 5 个或第 6 个提案时，所花费的时间已经减少到写第一个提案时的 20%。如果你是在寻找客户，那你打第 10 个电话时，只需花费打第一个电话的 20% 时间。当你打包任务并将类似的任务放在一起做时，你会在每一个任务上做得更快、更好。在以同等或更高的质量完成工作时，你还能节省大量的时间。

7. 更好地完成你的关键任务。实践 CANEI[㊀]，它代表着持续不断且永无止境的改进。史上最好的时间管理技巧之一就是在你认为最重要的事情上做得更好。你做得越好，能完成的事情就越多。在所做的事情上变优秀不是为了帮你节省几分钟或几小时，这可以为你达到同样的收入水平省去数年的辛苦工作。

所有这些技巧和其他的商业技能都是可以学习的。要

㊀ CANEI 即 continuous and never ending improvement，作者在《思维力量》一书中提出的一种不断改进的方法。——译者注

实现你为自己设定的目标，可以学习任何所需的技能。你可以学习成为一名出色的时间管理者。从现在起一年以后，你会变得相当高效，以至于电视台的摄像团队都要跟拍你，因为你在自己的工作中如此出色。

你距离收入翻倍也许只差一项时间管理技能。至此，你或许知道时间管理是什么了。时间管理其实就是生活管理，就是对你自己的管理。它是一种选择做事顺序的能力，选择你首先做什么，其次做什么，以及你根本不做什么。你总是有选择的自由。

CHAPTER 7

第7章

创造财富

我们已经探索了高效工作的最佳方法，现在可以转向终极的长期目标：创造财富。

现在是金融史上最好的时期。美国拥有世界约 5% 的人口和 5% 的陆地，GDP 约占世界的 30%，财富约占世界的 50%。在过去的几十年里，美国创造的百万富翁、千万富翁、亿万富翁，比世界其他地方历史上的总和还多。

1900 年，美国有 5000 名百万富翁，其中大部分是白手起家的。到 2000 年，百万富翁的数量达到 500 万——

扩大了 1000 倍。2008 年，美国百万富翁的数量增加到 960 万——8 年内增长了 92%，这是人类历史上最大幅度的个人财富增长。如果说未来会有什么不同的话，那就是将创造更多的百万富翁。2020 年，美国国内生产总值约为 20.93 万亿美元。2021 年第一季度国内生产总值增长率为 6.4%——大约是每年 1.34 万亿美元。根据经济合作与发展组织（OECD）的数据，2019 年美国家庭平均收入接近 6.9 万美元，是世界上家庭收入最高的国家之一，并继续以每年 3%~5% 的速度增长。美国是世界上最具创业精神的国家：每年有 200 多万家新公司成立。

越来越多的人正以创新的方式赚取更多的钱。在未来的几年里，实现财务独立的人会比过去两百年的总和还要多，即便他们不一定是白手起家的百万富翁。你的目标应该是成为他们中的一员。在本章中，你将学习一些创造财富的最重要法则。

百万富翁们在想什么

你必须非常留心自己的想法，尤其是关于你自己的。白手起家的百万富翁们会怎么想？他们中的数千人接受过采访。大多数人似乎都具有一些共同的品质：眼光长远。

为了在 10 年和 20 年后实现财务独立，他们会在当下做出努力和牺牲。与大多数人不同的是，他们不会花光所有的钱、不会提前消费。即使在最赚钱的时期，他们也在生活中践行“节俭、节俭、节俭”这三个成功的关键点，以便尽早实现财务独立。

许多出身于普通家庭的人从事着平凡的工作，通过厉行节约，发现自己在四五十岁时能够实现财务独立。而许多追求生活享受的人在六十多岁时就破产了。在得克萨斯州，人们说“大帽子，没有牛”，也就是说，他赚了很多钱，但没有资产。

白手起家的百万富翁们都养成了享受储蓄和积累的习惯，而不是花掉他们所创造的一切。实际上他们从储蓄中获得快乐，他们从看到投资增长中获得快乐，而与之相反的大多数人则是从出去花钱中获得快乐。

三定律

衡量你做得怎么样的关键是你的生存费用：如果不再工作，你可以维持你当前生活方式的月数或年数。你的目标应该是让你的生存费用达到 20 年，这个总计需要的钱数就是你的终极财务目标。要确定你的数额，需要计算出你每个月生活需要多少钱，然后把这个数字乘以 240，即 20 年乘以 12 个月。这将成为你一生的长期财务目标。这是你的目标。

创造财富的秘诀在历史上都是一样的：增加价值。每个人都有佣金，每个人都会从他们工作创造的价值中获得一定比例的回报。你取得的成果越多，增加的价值就越多，你的佣金就越高。

大多数人在职业生涯之初一无所有。在美国，几乎所有的财富都是第一代的。此外，几乎所有的财富都始于出售个人服务：汗水的净值。为了取得财务上的成功，你必须不断地寻找方法来为自己所做的事情增加价值。下定决心，总是让投入多于索取，增加的价值比你收取的费用更多。在工作中一定要多努力。就像拿破仑·希尔曾经说过的那样，“没人能阻止你付出的比获得的多，没人能阻止你付出的比别人期望的还要多，这会让你处在善良的一边”。当你付出的比别人期望的还要多时，从来不会有阻碍。

如何在工作中增加价值？你可以使用三定律。

1. 列出你一周或一个月来在工作中所做的一切。你可能会做 10、20 或 30 件大大小小的事情。

2. 再看一下这个清单，问问自己：如果我只能做这个清单上的一件事，哪一件会对我的事业或职业生涯贡献最大的价值？当我和销售人员交谈时，我让他们问问自己哪项行动最能帮助他们收入翻倍。

3. 在确定了一项最有价值的任务后，问自己这个问题：如果我一整天只能做两件事，那么第二件会是什么？

4. 在确定了你的前两项任务后，再问这个问题：如果我一整天只能做三件事，那么第三件会是什么？

几乎在每种情况下，三项关键任务都贡献了你工作中 90% 以上的价值。这就是三定律。你成功的关键是花更多的时间在这三项顶级任务上，并致力于在每项任务上做得越来越好。

今天就开始创业

80% 白手起家的百万富翁们拥有自己的企业。他们开始时只有很少的财富或根本没有什么基础，就建立了自己的企业，并作为企业家取得了财务上的成功。有一个有趣的统计数据是：有商业经验的人所创办的企业，90% 最终会成功，因为他们知道自己在做什么。而 90% 由没有商业经验的人创办的企业最终会失败，至少在短期内是如此。

今天就下定决心开始自己的事业，即使只是一人独资企业。如果你建立了它，机会就会到来。当你开始自己的事业时，你将创造一个能量场，它将吸引你生活中的机会来激活这个企业。

有时我告诉听众拿出他们的名片，删去名片上的头衔并写上“总裁”，然后划掉名片上的企业名称，写上自己的名字——约翰·史密斯公司。你现在是自己企业的总裁了。

美国是世界上最容易开办企业的国家之一，平均需要26个小时。通过互联网的话，费用在25美元到50美元。甚至可以在你还不知道要做什么的时候就开办。这样就拥有了自己的企业。

你可以以自己的姓名来命名独资企业，如此一来，你甚至不需要注册这个名字来保护它。如果你想创办一个S公司，你通常可以在互联网上以低成本实现。独资企业或S公司的优势在于，你最初为开办企业所投资的一切都可以从你的收入中扣减，作为当年的合法业务支出在税前扣减。

美国国税局允许企业家从其收入中扣除费用，从而他们可以少缴纳税金。作为一名领薪水的员工，你不会得到这些优惠。而作为一名企业家，你可以从应税收入中扣除一些费用，如旅行费用、油费、租金和餐费。例如，在

2021 年，美国国税局允许企业家出差时从每英里[㊀]的花费中扣除 56 美分。如果你出于商业目的开车 1 万英里，可以从应税收入中扣除 5600 美元。

从现在开始，把自己看作你个人服务公司的总裁。自己创业实际上是一件非常简单的事情。关键是，以能让你赢利的价格，找到、创造、获得或提供一种产品或服务。

请理解，要想创业，你必须售卖一些东西。创业者惊讶于自己需要花多少时间来说服人们购买他们的产品或服务。他们中的许多人退缩了，因为他们害怕销售。如果你害怕销售怎么办？记住，你害怕只是因为不知道该怎么做，就像害怕跳伞或持刀杂耍一样。不要将缺少一种可以学会的技能视为你实现所有财务梦想的阻碍。你只需上一门课程，读一本书，参加一个研讨会，来学习如何有效地销售。

比如，**为了创业，我必须找到一些能以高于我支付成本的价格卖出的东西**。这是历史上挣每一笔大钱的起点。所有的商业、销售和赚钱技能都是可以学习的。没有人一开始就懂这些重要技能中的任何一项：做商业计划、做市场分析、写广告、做预算、确定成本和价格，以及业务推

㊀ 1 英里约等于 1.6 公里。

广。但它们都是可以学会的。没有人一开始就了解它们，它们会随着时间的推移而被学习者掌握。你学得越快，就越快获得成功。

一旦你学会了一项业务技能或销售技能，就可以反复运用它。英国的连续创业者理查德·布兰森曾被问及这一点。他说："这些几乎是一样的。一旦你理解了创办和运营企业的法则，就可以在其他企业无限地重复。"布兰森涉足音乐、航空、热气球和度假村开发。他采用同样的法则（就像一个千篇一律的配方）并且不断重复，你也可以做到。

此外，每当你使用业务技能或赚钱技能时，你都会做得更好：你犯的错误更少，也会得到更好的结果。正如我所提到的，创业前有商业经验的人的成功率为90%。那是因为他们知道自己在做什么。那些没有创业经验的人不知道自己在做什么，结果就破产了。你的工作是吸收商业信息，尽你所能地学习，不仅是在你创办企业之前，而是在你的整个职业生涯中。

勇气与技能

创业所需的关键素质是勇气和技能。创业是当今世界财富的主要来源。每个人一开始都缺乏勇气和技能，但是当你做自己害怕的事情时，勇气就会随之而来。当你使用自己薄弱的技能时，能力也会随之而来。

理解这一点非常重要，因为许多人认为："我有信心时就会打电话。一旦我感到振奋、坚强和勇敢，我就会这么做。"不，不是这样的。做你害怕的事，结果勇气就来了。人们会说："只要我对寻找客户、打电话或给客户打电话感觉良好，我就会去做的。"不对，你用现在掌握的技能去做这件事，其他的技能会随之而来。这才是成功的关键。

商业成功的一个要点是想清楚你卖什么、卖给谁。从这些问题开始：谁是你的客户？为什么客户要购买你的产品？他认为什么是有价值的？了解你的客户是谁，以及他们为什么购买非常重要。你的客户在购买你的产品或服务时寻求哪些具体的好处？在你的广告、促销和演示中，客户是否能清楚地感知这些好处？

缺乏清晰度是销售失败的主要原因。理解模糊是达成交易的最大障碍。潜在客户不清楚他们将如何从购买你的产品或服务中获益，所以他们说"让我想想吧"，这是永远告别的另一种说法。

你的产品或服务怎样改善客户的生活或工作？请记

住，心理学研究表明，客户的购买行为是基于他们对购买后的感觉。换句话说，如果购买了你的产品或服务，可能得到什么样的结果？他们在展望购买后的未来。他们需要在自己的脑海中看到一种明显改善的情景：与把钱花在其他地方相比，把钱花在购买你的产品或服务上能让他们的生活更好。

这里有一个好问题：为什么你的客户不找你购买？是什么阻碍了他们？如果你的产品或服务对他们有明显的好处，他们为什么会说“不要”？客户观念中的什么让其犹豫？如果你能识别并解决这个问题，通常可以将销售额和收入翻倍，建立一个成功的企业，并实现财务独立。

你的竞争对手是谁？为什么你的客户从竞争对手那里购买而不是从你这里购买？客户的看法是什么？客户在你的竞争对手身上看到了什么，使竞争对手比你更有吸引力？你怎样才能弥补这一差距呢？怎样才能把差距减到最小？怎样才能比竞争对手做得更好，从而取代竞争对手？

你有什么独特的销售主张？这是你可以为客户提供的好处，而且客户愿意为此花钱。你的竞争优势是什么？是什么让你的产品或服务优于竞争对手的？你表现卓越的领域在哪里？你提供的产品或服务比其他人提供的好在哪里？

这些都是商业成功的关键。如果你不知道是什么让自己的产品或服务与众不同，如果你不知道是什么让自己比竞争对手更优秀——你优秀在哪里，那么你甚至整理不出一份简单的销售演示报告。你写不出一个广告，甚至识别不出目标客户。

一旦你开始创业，就要把 80% 的时间和精力投入到销售上，以获得新客户。企业成功是因为一件事：产品供不应求。企业失败是因为一件事：产品无人问津。如果你没有很多钱，那就从小一点的投入起步，仔细测试每一步做法。

关注现金流

慢慢实现现金流和利润的增长。你不必卖掉房子和汽车，冒很大风险创业；你可以用少量资金创办一家小企业，并在成长过程中学习必要的技能。

准确记录你的所有交易。知道钱从哪里来，去了哪里。许多人都是这样开始经营企业：他们以 50 美分购买产品或服务，然后以 1 美元出售。他们认为自己有 100% 的利润，但到月底，他们惊讶地发现自己在亏损。他们没有考虑汽油、租金、水电费、人工费、邮费、电话费、自己的工资、餐费。他们没有意识到有100%的利润也会破产。

你需要知道你的钱从哪里来，流向哪里。再次列一个清单：写下你花掉的每一分钱和赚到的每一分钱。这成为你记账的基础。或者最简单的是，在网上给自己建立一个记账系统，每天在适当的地方输入每一个数值。

始终将业务重点放在净利润上，而不是销售总额上。换句话说，重要的不是上限，而是底线。关注一天结束时你将获得多少利润，确保你所做的事情能证明你投入的工作量和资金是合理的。

始终关注正的现金流。任何业务中最重要的数字都是现金流（有时称为自由现金流），它是你企业大脑的命脉和氧气。如果现金流被切断，你的企业可能会在一夜之间倒闭。始终保持对现金流的高度敏感。

在商业上取得成功的首要规则是，不赔钱。一位亿万富翁说，他有两条成功规则：第一是不赔钱；第二是如果你在任何时候受到诱惑，参考第一条规则。把钱留在银行里赚利息比失去好，因为当你赔钱的时候，你也会失去一开始积累钱的时间。你失去的不仅仅是钱，还有时间——你生命中的几个月甚至几年。

股票市场

现在让我们来谈谈股票市场投资，因为股票市场投资十分普遍。以下规则都是基于详尽研究得出的。

白手起家的百万富翁们不在股市赚钱。事实上，只有很少一部分人在股市赚到钱。而且，80% 有多年经验的股市专家无法持续超越股市平均水平。在由世界上最聪明的金融经理所管理的数千只共同基金中，80% 没有达到股市平均水平。换言之，如果你向一页印满所有纽约证券交易所股票的《华尔街日报》投掷飞镖，然后买下飞镖击中地方的股票，你会做得和今天金融市场上 80% 最优秀的金融头脑一样好。

白手起家的百万富翁们确实会把他们的钱暂时储存在股票市场上，通常是储存在价值稳定的安全股票中。这些股票都是稳健的，就像微软和可口可乐一样，它们的股价不会大幅上蹿下跳，因为它们向大量的人销售产品和提供服务。

白手起家的百万富翁们平均每天花 6 分钟检查他们的投资。如果你问一位白手起家的百万富翁：“你的投资组合怎么样？”他不知道，因为很少去看。他只是谨慎地投资，然后回到自己的主业上。

沃伦·巴菲特通过交易股票成为世界上最富有的人之一：他是历史上最杰出的选股者。2021 年他的净资产估值为 1080 亿美元，他最近写道：现在的股市没有什么值得买的了。这是因为交易股票不会增值，进出市场，无论是买还是卖，都不会增加任何价值。你能获得巨大财富的唯一方法就是以某种方式增加价值。

如果你打算投资股票市场，最好的投资标的是指数基金。这些基金跟踪股票市场，它们的表现几乎胜过所有的共同基金，而且它们的申购和销售成本最低。指数基金购买某一特定指数中的所有股票各一点点。例如，它们会购买道琼斯指数或标准普尔指数或特定交易所的所有股票各一点点，你的投资将会简单地跟踪平均水平。

房地产

资金的另一个主要去处是房地产投资。拥有能产生收入的房地产是美国财富的主要来源。零首付买房是可能的，但你需要一个有积极性的卖家：一个急于出售，却不清楚自己房产价值的人。一个有积极性的卖家可能是那些因为刚刚破产、离婚、被迁移到另一个州或遭受重大损失，而不得不卖掉房子的人。换句话说，他急于出售房子，而且可能并不知道它的价值。

关于零首付买房，房地产专家会告诉你，你必须看 100 套房产，然后才能找到 10 套可以出价的房产。在这 10 套中，你可能可以购买 1 套。因此，要想找到一套可以零首付买下来的房产，你需要数周或数月的艰苦工作。

即使是购买断供抵押房屋，你也必须小心。记住，没有容易赚到的钱：你必须非常小心每一分钱，并且对赔钱非常关注。虽然你可以在没有预付款的情况下购买断供抵押房屋，但你需要支付银行费用、抵押贷款费用、成交积分、成交费、律师费、产权费和其他各种隐藏费用。所有这些都必须现金支付。你购买了房子后，还必须用现金支付翻新、景观美化、维护和广告等所有前期费用，以便找到租客。如果你没有立即找到租客，就必须自掏腰包支付每月的维护和抵押贷款成本，直到找到为止。很多房子甚至是办公楼，在零首付买下来后，会空置 6 个月，你必须用自己口袋里的现金支付所有费用。

在房地产行业起步的最佳方法之一是“买房子，装修房子”。这包括：低于市场价购买一栋破旧的房子，然后进行修缮。之后你要么租出去，要么卖掉，从而获利。

你第一次买房子和装修房子，将需要几个月甚至一年的时间。第二次花费的时间将少一些，也许是 6 个月。有了3年的工作经验后，你每年可以购买、装修、转售4~6套房子，每次都获利，风险很低或没有风险。我遇到过一些人，他们在工作的同时，一套又一套地折腾房子。

一对夫妇告诉我，第一套房子花了一年的时间；第二套房子花了6个月的时间；第三套房子，两三个月；第四套，两个月；第五套，一个月。一年间，他们每个月都购买、装修、出租或转售一套房子，每套房子净赚约2万～3万美元。

这对夫妇并没有尝试去赚100万美元。他们在周末工作。最终，他们雇用了可以为自己做这些工作的承包商。他们找到了银行和金融机构来为自己提供资金。他们不断地播放广告来寻找租户。他们只是在日常工作的同时购买和装修房子，就拥有了大量的房产。

通过让房屋更有吸引力而增加其价值，这样你就能以更高的价格出租它，从而增加其市场价值。或者你可以把它卖掉，赚取利润。房地产行业成功的关键是眼光长远——这也是白手起家的百万富翁们的关键品质。千万不要在买一处房产的时候就想着把它翻新一下就能快速获利。在购买一处房产之前，你一定要先考虑持有它5～10年。

购买和翻新房产就像用房产玩抢座位游戏：当音乐结

束时，有人没有椅子。今天，你会发现上千万的人在玩抢座位游戏，游戏结束时却没有椅子。他们最终破产了，财务生活陷入困境。不要让这种事发生在你身上。

在房地产领域取得成功的一个关键是了解有关房产的每一个细节。当你购买一处房产时，想象你正在购买该社区的股票，就像在购买一家公司的股票一样。了解关于房产、城市、社区、当地经济、当地学校、购物中心和道路的每一个细节。在购买房产之前，你要非常熟悉它。真正优秀的房地产投机者会走遍目标房产和其所在社区。他们会在一天中的不同时间过来，周末、晚上等。他们会了解交通噪声情况，也会查看交通情况。

我在一个夏天以很好的价格买了自己的第一套房子。我以为自己做了一笔不错的交易。然而随着秋天树叶掉落，声音缓冲突然消失了。在一个半街区外有一条高速公路主干道，一天 24 小时都能听到卡车、汽车和摩托车的轰鸣声。因为噪声，我不得不戴耳塞睡觉。

此后，每当我购买一处房产时，我都会仔细研究这个社区，以确保当天气变化时，周边道路的噪声不会淹没这个社区。

储蓄习惯

财务独立是你的长期目标。要做到这一点，最简单的方法是养成储蓄的习惯，在你的一生中储蓄 10%~20% 的收入。

如果你像大多数人一样，一开始就负债累累，那就先把收入的 1% 存起来，用剩下的 99% 生活。一旦你适应了这样的生活，再把你的储蓄率提高到收入的 2%，然后是 3%、5%，最后是 10%。在一年左右的时间后，你将靠 80%~90% 的收入过着相当舒适的生活，储蓄并投资你剩下来的钱。如果你在整个工作生涯中都这样做，你将成为一名百万富翁。

顺便说一句，这种方法是有效的，因为人类是习惯性动物。一个人很容易养成挣多少钱花多少钱的习惯，但如果先从总收入中扣除支付给自己的费用，并把这些钱存起来，你就养成了靠剩下的钱生活的习惯。很快，一开始看起来有点难的事情就变得很容易了。然后你的金融资产开始增长。

白手起家的百万富翁们养成了精打细算过日子的习惯。财务上成功的关键可以用几个字来概括：**花的比你赚的少**。花的比你赚的少，并把差额用来投资。

财务上成功的5个“不要”

实现财务上的成功，要做到5个“不要”。

1. 不要被轻易赚钱或快速致富的计划和想法引入歧途。

2. 不要在没工作的情况下寻找奖励。所有在财务上取得成功的人都会长期努力工作。

3. 不要指望别人为你做这件事，你要主动承担责任。

4. 不要相信奇迹般的运气或希望，它们从不发生在财务事项上。

5. 不要指望第一次就成功，在培养自己获取并守住金融财富的智慧和经验的过程中，你会犯数百个小错误。

财务上成功的5个“要”

让我以如何在财务上取得成功的5个“要”来结束这一章。

1. 在余生中你要研究并理解投资的方方面面。如果你不了解一项投资，不要把钱投入其中。

2. 要不断寻找在各种情况下增加价值的方法。

3. 要做好慢慢致富的准备。所有挣到的大钱都是长期的、有耐心的钱。

4. 任何时候都要节俭。对于如何投资和消费钱财，你要谨慎且深思熟虑。像鹰一样时刻看好自己的钱。

5. 今天就下定决心，要在你的余生里，把储蓄率提高到自己收入的 10%~20%，然后小心地投资。最后，不要赔钱。

所有赚钱的技能都是可以学习的。你可以学习任何需要学习的东西，以实现你为自己设定的目标。现在富有的人几乎都是从贫穷开始的。通过研究财务成功人士过去做过什么，并一遍又一遍地做正确的事情，你最终会得到同样的结果，获得自己希望的财务独立。

CHAPTER 8

第 8 章

如何成为一个百万富翁

我已经指出：在未来的几年里，人们成为百万富翁的机会比以往任何时候都要多，但成为百万富翁的基本规则从未变过。

花的比你赚的少

正如我在前一章中强调的那样，花的比你赚的少，并将余额进行储蓄或投资。几年前的一天，我在做一个关于财务成功和成就的研讨会。休息时，几个穿着考究的人站在讲台前面围住我。一个年轻人从人群中挤了过来。他显然不是跟这群人一起的：他的穿着很糟糕，一开口说话，别人就能感觉到他明显精神有些问题。他问："崔西先生，我也能成功吗？"我不知道该对他说什么。然后他继续讲道："崔西先生，我住在集体宿舍。"这表明了他的生活状况。他说："我是修理家具的。"这表明了他的能力水平。"崔西先生，"他说，"每个月，我都会省下 100 美元。如果这样做，我会成功吗？"

碰巧，前一天我一直在看复利表，其实我并不经常看这个。我发现，如果你每月存 100 美元，并投资了一个每年增长 10% 的共同基金，从 20 岁到 65 岁一直这样做，你就有了 111.8 万美元。那个年轻人没有什么长处，只是有人给了他一些好的建议。他每月从收入中节省 100 美元，最终将成为一个很富有的人。他最终可能会比某些医生、律师、建筑师、工程师和商人更富有。正如爱因斯坦所说，"复利是宇宙中最强大的力量"。

每个月有规律地投资 100 美元就将让你变得富有。想想每月投资 200、300 或 500 美元会怎么样。保证花的比你赚的少，先支付自己的费用，即将每月薪水的 10% 存起来，靠剩余的钱生活。如果你做不到 10%，可以像我在前一章说的，从 1% 开始，以 99% 的钱生活，直到你养成习惯，你的生活开销就会自然而然地变少。

当我还是个年轻人的时候，南丁格尔 – 科南特音频公司的创始人劳埃德·科南特对我说：“博恩，你有能力在生活中赚到很多钱。记住这一点：重要的不是你赚了多少钱，而是你存下了多少钱。”

那么，你该怎样存钱呢？这并不难：拖延每项支出。如果你想买一处房屋、一辆车、一艘船或出去旅行，给自己 30 天的时间来决定。永远不要仓促地花钱，即使是一台立体声音响。最令人惊奇的事情发生了：如果你多考虑一会儿是否支出一大笔钱，购买的欲望就会慢慢消失。你会这样想：“你知道的，我现在最好把这些钱存起来，投入到有收益增长的东西上，而不是简单地花掉。”

这是白手起家的百万富翁们的想法。当你可以买二手物件的时候，永远不要买新的。对白手起家的百万富翁们的研究表明，他们从不买新车。为什么？因为如果你买了一辆新车，当把车驶离停车场时，你会损失 30% 的价值。白手起家的百万富翁们会买用过两三年的好车，它们仍在保修期内。他们会开 10 年，直到它崩溃。他们会把用来买新车的钱用来买房产、谨慎投资自己的生意，把钱放在能增值的地方。如果你每 10 年买一辆二手车，一直开到车轮掉下来，然后把所有省下的钱拿去认真投资，这会让你在财务方面实现一个巨大的飞跃。

跟踪你的支出

金钱积少成多。最近的一项研究表明，跟踪支出的人比不跟踪的人多节省 50% 的开销。

在口袋里放一个活页笔记本。每次你花钱在某件东西上都记录下来。心理学家发现，写下来会让你意识到它，使你更关注它。如果你在咖啡馆花 4.35 美元买了一杯双层脱脂卡布奇诺或拿铁，就把它写下来；如果你买了报纸或可乐，就把它写下来；如果你出去吃了午饭，也把它写下来。当你这样做并跟踪自己的支出时，你就会自动开始减少支出。坚持一个月，你会发现自己的支出减少了 50%，因为我们许多的支出都是盲目的，甚至没有去考虑它们。

增加价值

正如我说过的，所有的财富都来自以某种方式增加价值。你通过做更重要的事情来增加价值：找到对你客户最重要的事情，并为他们做这些事情。你可以通过把事情做得更快、更经济、更好来增加价值。这是商业成功的关键：更快、更经济、更好。每一天，都要寻找一种更快、更经济、更好服务客户的方法。

你在为人们提供他们想要和需要的东西时，还可以通过降低成本、以他们乐意且能够支付的价格提供更多的东西来增加价值。还记得励志演讲家齐格·齐格勒的名言吗？“只要你帮别人得到他们梦想的东西，你就能在生活中得到自己梦想的一切。”这是致富的关键。

百万富翁来自哪里

美国白手起家的百万富翁来自哪里？

第一类是创业者，他们占了其中的 74%。看看那些伟大的企业家：比尔·盖茨以及他的合伙人保罗·艾伦、沃伦·巴菲特、拉里·埃里森、迈克尔·戴尔、山姆·沃尔顿……他们一开始什么都没有，只用一点钱和大量的汗水就开始了自己的生意。（实际上，手机行业中身价百万的企业家最多。）

第二类是高薪的企业高管，他们占了 10%，主要是在大公司工作、收入丰厚、获得股票期权并守住自己的钱的人。

第三类是专业人士，他们占了 10%，如医生、律师、建筑师、工程师等，他们在专业实践中取得成功，并积累了资金。

第四类是销售人员，他们占 5%。他们为一家公司或很多公司工作，但他们一辈子都在做销售。他们赚了很多钱，把钱存起来，然后守住它们。

获得财富最重要的技能之一是什么？销售。

企业的成功取决于你的创业能力和销售能力。如果你把企业家和销售人员的占比加起来，即 74% 加上 5%，你会发现，有近 80% 的个人通过销售成为百万富翁。

最后 1% 的非继承性财富来自其他行业人群：作家、电影明星、发明家等。从报纸和杂志上来看，你可能会认为这些人是美国财富的主要来源，但是意外获得财富的人——中彩票或成为摇滚明星——是罕见的，几乎所有成功的潜力都来自你创业、销售产品或提供服务的能力。

百万富翁的特质

白手起家的百万富翁的第一个特质是**诚实**。厄尔·南丁格尔曾经说过，如果没有“诚实”这个特质，那就必须想办法拥有它作为最可靠的致富方式。原因很简单：所有的业务都是基于信任。除非获得每个人的信任，否则一个人就不能在生意上取得成功。他的客户必须信任他销售的产品或服务；他的员工必须足够信任他；银行必须信任他；供应商也必须信任他。由此你会发现，商人是你见过的最诚实的人之一。当一个商人不诚实时，他就会被登上报纸。在美国的 2600 万家企业中，只有很小一部分企业家是不诚实的，因为如果你在商业上不诚实，你就完蛋了，你再也不能重来了。你必须搬到另一个国家，因为你的正直受到了怀疑。

白手起家的百万富翁的第二个特质是**自律**。经过几十年的研究，拿破仑·希尔得出结论，自律是致富的关键：无论是否愿意，你都要在该做事的时候强迫自己去做那些应该做的事。早上起床、工作、专注于高优先级任务、为成功付出代价，然后进步。我将在第 10 章中讲更多关于自律的内容。

白手起家的百万富翁的第三个特质是**与他人相处融洽**。要想获得成功，白手起家的百万富翁们必须要取悦很多人。他们可爱，人们喜欢他们，愿意从他们那里购买东西；人们愿意和他们合作，为他们工作；人们愿意借钱给他们。花时间与别人友好相处是非常重要的。

白手起家的百万富翁的第四个特质是，**大多数都有支持他们的配偶**。有一个支持你的配偶可以节省大量的精力。你不需要花一半的时间出去约会，可以专注于自己的事业，不用在有问题的婚姻或关系上花费精力，也不用在寻找伴侣上花费精力。几乎每位白手起家的男性百万富翁或亿万富翁的背后，都有一位女士在一直支持着他；几乎每位白手起家的女性百万富翁或亿万富翁的背后，都有一位坚强的男士。

白手起家的百万富翁的第五个特质是**勤奋工作**。在一项对数万人的采访中，受访者被问及如何在一生中积累了 100 万美元，85% 的人说了同样的话："我不是学校里最聪明的人，我没有取得好成绩。我看到很多人对他们（更聪明的人）比对我有更多的期待，但我愿意比他们更加努力地工作，而他们不愿意像我一样努力工作。"

在最近的一次会议上，一家大型全国性企业的老板讲述了一个励志故事，他的一个朋友在夏威夷连续 7 次赢得铁人三项赛。这是世界上最艰难的铁人三项运动，需要跑步 26.4 英里，游泳 3.5 英里，骑自行车 125 英里。这位老板问他的朋友："你怎么能在世界上最伟大的比赛中赢那么多次呢？"他的朋友回答说："他们中的很多人身体条件比我好，但我赢了，因为他们不愿意像我这样吃苦。"

这难道不是成功的原因吗？成功的人愿意忍受痛苦——漫长的夜晚、努力工作的周末、忧虑、压力、困难——并继续前进。

白手起家的百万富翁的第六个特质是**他们做自己喜欢做的事**。大多数白手起家的百万富翁都会告诉你："我这辈子从来没有工作过一天。我只是做自己喜欢做的事，为此得到了很好的报酬。"

当你试验并尝试不同的工作和职业时，寻找一些自己真正喜欢的东西。如果你在做销售，寻找一种你喜欢、你会使用、会使你感到兴奋的产品。寻找那些你想要去推销的客户，寻找自己喜欢的工作环境，这样当你去工作的时候，总是很快乐。

你会发现做自己喜欢的事情是成功的关键。提供一种自己喜欢的产品，卖给你真正在乎的人。如果这不符合现在的情况，试试别的。这并不意味着你做错了，这可能只是意味着你现在身处错误的地方。

富爸爸，穷爸爸

我的好朋友罗伯特·清崎以他《富爸爸，穷爸爸》的哲学而闻名于世。他把人分为四类。

第一类是**员工**。他们为了拿薪水而工作。一个只为拿薪水工作的人很难获得财务上的独立。正如我的朋友马克·维克多·汉森所说，“他们有一份工作，这比破产略强”。

第二类是**个体经营者**。他们都是独立承包商，他们致力于佣金，致力于收入，致力于奖金，但他们是“孤狼”。

第三类是**企业家**。这些人也是“孤狼”，但他们有专人为他们工作，所以他们能比个体经营者做得更多。

第四类是**投资者**。他们把钱投资到能创造收入的地方，也就是我们所说的被动收入。他们投资于一家由别人经营的公司或企业，会获得稳定的利润，如油井、商业地产或住宅地产。

财富是来自工作以外其他来源的收入。我有一个好朋友，他多年前从黎巴嫩过来，不会说英语，现在身价不菲。几年前的一天，他问我：“博恩，你赚了多少钱？”

我说：“我做得很好。”

“根据我对你生意的了解，我猜你已经赚了这个数的钱。”他的猜测是相当准确的。“除了工作，你还有多少财富来源？”他接着问道。

“你是指什么？”

“如果你停止工作，你会有多少钱？”

“如果我停止工作，一切都会停止。这就像一辆汽车在汽油用完时停下来一样。”

“那么你一点儿也不富有。你赚了很多钱，但并不富有。只有当无论是否工作都有钱时，你才富有。”

我就像被一条湿漉漉的鱼打了一记耳光。我因此改变了自己的整个财务生活。我开始更认真地思考做大资产、投资等；因为财富是无论你是否工作都能进账的钱。

在《富爸爸，穷爸爸》的哲学中，你的目标是从员工（通过储蓄）转向个体经营者（通过佣金），到企业家（让别人为你工作）再到投资者（你的钱为你工作，不管你是否工作，都会有钱进账）。

生活的规则是，一开始什么都没有（这是美国社会的传统），就像排队参加一场大型马拉松比赛。比赛开始后，有些人会胜出，有些人会留在队伍里面，有些人会在大家都回家后才进场。

一开始你有很多时间，但没有钱。在你的工作生涯中，你的目标是改变这个比例，这样随着年龄的增长，你就会有较少的时间，但有更多的钱。最终你会实现这一点：你赚的钱比自己的时间多。到那个时候，你可以辞职，全职管理自己的钱。这是你的目标。在人生早年，你用时间换金钱；晚年，你用金钱换时间。

个人理财计划的关键

以下是个人理财计划的一些关键。

第一个关键是**目标**。目标意味着你为自己的生活设定了明确的财务目标。你决定了自己今年、明年和后年的年度收入目标。你决定了自己每月的储蓄目标。你每个月要存多少钱？把它写在一张纸的右上角。

把这些数字写下来的行为使你更加可能真正地实现它们。（如果你不知道年度收入目标，在年底拿到联邦国税局提供的 W-2 工资表时看看你赚了多少钱。）如果你没有每月储蓄的目标，自然就会有花钱的倾向。

你希望每月和每年存多少钱？要有明确的目标：你不可能击中一个看不见的目标。

第二个关键是**进行盘点**。计算出你的净资产。你今天的准确身价是多少？你今天的准确负债是多少？你目前的净资产是多少？如果你不得不卖掉所有的东西，你今天的身价会是多少？回顾你的整个财务生涯，列一个清单。想象一下，你不得不卖掉你所有的资产，搬到另一个国家，或者你必须进行大甩卖、跳蚤市场交易或车库甩卖。如果必须卖掉所有的东西，你还有多少钱？

有些人可能会说，“我有价值 10 万美元的家具”。但如果必须卖掉你的家具，能得到多少钱呢？答案是 10 美分。如果必须卖掉你大部分的个人财产，幸运的话你能得到 10 或 20 美分。所以说实话：你今天的身价到底有多少，你退休的目标是什么？

分析你当前的情况。在纸张的左下角写下你今天有多少钱，在右上角写下你的退休目标，在这二者之间画一条线。这告诉你，要积累到你每年开销 20 倍的钱，还有多远的距离。

第三个关键是**削减、减少你的开支**。在花钱之前，你要仔细计算每一笔费用并进行评估。把它写下来，好好想想，然后和别人讨论，不要冲动消费，并拖延购买大物件。检查你每月最大的开支项，寻找减少或清除它们的方法。

人们通常会购买或租赁他们负担得起的最大面积的房子。但截至 2021 年 6 月，沃伦 · 巴菲特身价已经超过 1080 亿美元，但他仍住在 30 年前的一栋老房子里，开着 10 年前开的那辆车。山姆 · 沃尔顿死前开着一辆他开了 10 年的小货车。这种对金钱的态度渗透到这些人所做的每件事中：他们不断地寻找减少开支的方法。你需要做同样的事情。

第四个关键是**让自己更有价值**。专注于你每小时的收入。你今天每小时的工资是多少？你用年薪或总收入除以2000（一年的平均工作小时数）可以得到每小时的工资。例如，如果你现在的年收入是 5 万美元，你的年收入除以2000 得到：每小时 25 美元。决定把收入翻倍意味着要把每小时的工资翻倍到每小时 50 美元。那你能做些什么来增加自己的价值，让别人愿意付给你每小时 50 美元呢？

这就让我们回到了三定律：你做的最有价值的三件事是什么？你如何在这三件事上做得越来越好？将 80/20 法则应用到你的工作中，那么你所做的事情中哪些是贡献价值最大的 20%？你怎样才能在一天中做更多这样的事呢？

第五个关键是，**要准备好换工作**。在一次研讨会上，一个 25 岁的年轻人来找我。他说："我想改善我的生活，但我是一个水管工。我花了好几年时间熬成了熟练工。我在一家管道公司工作，但这家公司里所有能赚钱的人都是销售人员，他们向承包商出售管道零部件。"

"那你为什么不当销售员呢？"我说。

"我必须放弃自己受过的训练吗？"

我说："你不得不忘掉你的训练，因为你目前最想实现的是赚尽可能多的钱。你对管道很了解，你和与你交谈的人有很多共同点。"

“我从来没有想过这个问题，但我不知道该怎么销售。”

“你可以通过听音频节目、读书和去上课来学习销售。”

他说：“天哪，我会的。”

大约两年后，这个人走过来对我说：“还记得我吗？我曾是一名水管工。你告诉我要换工作，我也这么做了。我现在的收入是全职水管工收入的三倍，我这辈子从来没有挣过这么多钱。我让孩子们住上了更好的房子，我们买了更好的车，有更好的假期，过上了更好的生活。非常感谢你的建议。”

有些工作的收入是有上限的。有时候你已经撞到了收入的天花板。无论你多么努力地工作，无论你有多优秀，公司都不会再多付给你钱了。现在你已经准备好了，是时候找一份更好的工作了。告诉自己，现在的你是个理想的对象，是雇主们想要聘请的那种人。

CHAPTER 9

第 9 章

创业的关键点

正如我们在前一章中所看到的，在美国 74% 白手起家的百万富翁是企业家。因此，创业是你最有可能获得财务成功的途径。

自己创业需要 3 个 C。

创业的第一个 C 是**能力（competence）**。你的工作能力一定要很行。人们买东西只会找那些他们认为比其他人服务得更好的人。如果有人说你竞争对手的产品或服务比你的好，你必须将其视为对自己的批评建议。集中精力跻身前 10%。专注于在你所做的事情上变得优秀。

创业的第二个 C 是**客户（customers）**。你的第一项工作是找到客户，你的第二项工作是找到客户，你的第三项工作还是找到客户。你的工作就是整天吸引客户，永远不要把目光从客户身上移开。客户是企业成功的关键。正如我所说，成功的公司产品供不应求，而不成功的公司产品无人问津。

创业的第三个 C 是**现金流（cash flow）**。现金流就是企业的生命。成功的商人时刻在考虑他们的现金流。我清楚地知道，每天生意上有多少美分的进出。我每天都有一份完整的报告，内容是所有钱的去处。我每天都有一份完整的销售报告，记录了每一笔订单，每笔订单中挣到的每一美元、每一笔开支和每一张账单。我一直关注着现金流，就像医生密切关注着危重病人的脉搏。这样做很重要，正如励志演说家吉姆·罗恩所说："漫不经心会带来伤亡。"

如何开始

在你进入一个行业之前，要仔细研究和学习它的每一个细节。在行业里的公司至少工作一两天。周末工作，晚上工作，免费工作。只要说："我想了解这个行业。我可以免费工作吗？"人们不会拒绝你的，他们会说："当然可以，进来吧。"

一旦你进去了，就问："你为什么要这样做？你为什么要那么做？这是怎么回事？"许多人都曾这样尝试过一个行业。几小时或几天后，他们会说"这不是我的行业"，或者"我喜欢这个行业，我想我能做好"。

订购你所在行业领域内的出版物并阅读它们。参加会议和贸易展，并参加由最优秀的人所举办的演讲活动。

我有一个朋友是为了谋生从英国移民过来的，他为一家小出版社卖广告版面。小出版社破产后他去了另一家出版社工作，但该出版社也破产了。他说："我可以出版一本杂志。"说罢，环顾四周。人们问他："为什么这个州没有一本关于体育和钓鱼的杂志呢？"他想，"我可以创办一本体育杂志"。于是，他创办了一本小杂志，并开始卖广告——这是他的技能。他在卖广告的同时，让人写下了这些故事。

这个项目进行了大约一年后，我的朋友还是一家小杂志社的小人物，在家里工作，勉强度日。他参加了一个纽约的杂志出版商会议，还参加了一个关于 SPA 会计出版物的讲座。演讲者说："当你拿起你的账单，把销售额记在顶部，然后列出所有的费用，扣除这些费用，在页面底部的这一行是什么？”

每个人都说：“这是你的底线。”

演讲者问：“这代表了什么呢？”

每个人都说：“这代表了你的利润或损失。”

演讲者继续说：“是的，大多数人都是这样做的。我希望你以不同的方式来做。我希望你把它倒过来：让底线成为你的顶线。在顶部，写下你每个月打算获得的利润。在这一点下面，写下你为产生这些利润所必须实现的销售额，然后写下你将承担的成本。从你的利润开始，而不是以它们结束——如果你幸运的话。”

我的朋友从那个讲座走出去后，一帆风顺。如今他已经拥有 29 种出版物。他是位千万富翁，是美国最受尊敬的人之一。他从未在任何出版物上有一个月赔钱，这在杂志行业是闻所未闻的。这都来自他参加的那次讲座中一位会计师的想法。

我告诉你这个故事是因为你永远不知道想法将从何而来，你必须让自己接触到很多好的想法，也必须去那些想法所在的地方。如果你想钓到鱼，那就在鱼所在的地方钓鱼；如果你想学习如何经营好自己的企业，那就去你所在领域的人谈论如何经营好企业的地方吧。阅读、倾听、学习、交谈和征求建议。

扩大你的利润

从小规模开始，扩大你的利润。有人可能会说："我不能通过银行贷款来创业。"你当然不能。银行不会借钱给初创企业，风险投资家也是如此。没有人会给初创企业钱。99% 的新企业都是由爱心基金资助的，爱心基金的钱是你自己的钱，因为你爱自己的想法。钱也可能来自你的朋友和亲戚，因为他们爱你。因此，从小钱开始，卖一些东西，盈利，然后再做一次。

一种伟大的创业方式——数百万人已经这样做并成为富人——就是网络营销。网络营销可以提供优质的产品和服务，包括健康、美容、家庭护理产品等，它们通常都有着非常高的质量。生产商不再通过零售店销售产品和服务（零售店必须由批发店供应，批发店必须由独立批发商供应），而是通过网络营销链销售。零售店系统通常以佣金和加价销售形式赚取的资金也被生产商支付给了网络营销链。生产商可以将最终零售额的 40%、50% 或 60% 作为佣金支付给销售人员。

网络营销在全球范围内是一项价值 1400 亿美元的业

务，而且正在迅速发展。你可以从 100 美元开始。你可以用自己的成果和汗水来扩张业务。这是一个很好的起点。

网络营销的关键是销售你喜欢的、你相信、你使用并自己从中受益的东西，你觉得别人也会喜欢并从中受益。如果你能做到这一点，你会成为自己产品的杰出销售员。

学习诀窍

你也可以从别人的生意做起并学习诀窍。

有兴趣获得汉堡王特许经营权吗？你必须在汉堡王工作 400 个小时。申请特许经营权后，你必须在业务的每一个环节工作，直到你沉浸在汉堡学（他们这样称呼它）中并说："这就是我想从事的业务。"很多人一开始说"我想要一个汉堡王特许经营权"，但在门店工作一段时间后会离开，因为他们意识到这里不适合自己。发现一项生意不适合自己的最佳时机是在你开始从业之前。

一旦你开始了，就要用大脑和精力而不是资本和投资来行动。要尽可能利用创造力、智力、勤奋、声望和个性，而不是投资。几年前，我在去给 1000 位潜在企业家做演讲的路上，看见一家书店，发现了一本书——《1001 个不到 100 美元创业的生意》，里面是一页、一页又一页的案例。经常有人对我说："我没有足够的钱来创业。"但有超过 1000 种生意，你可以花不到 100 美元来创业，然后通过自己的努力发展起来。

在很多行业中取得成功的一个关键是销售能力，而销售能力是可学习的。你或许拥有一个普通的公司和一个普通的产品，你的背景也普通，但如果你是一个优秀的销售人员，你就会获得更多收入；相反，你拥有最好的产品、市场和需求，但如果你不擅长销售，可能也无法获得理想的收益。

在创业之前制作一份商业计划书。商业计划书会涉及一系列关于产品、客户、市场、融资、广告、促销、生产、服务、标准、会计的问题，它会迫使你思考那些决定生意成败的关键问题。(顺便说一句，你可以上网下载商业计划书模板，然后填空。)

许多人在制作商业计划书后意识到："我原以为这是一个伟大的商业设想，但我无法从这里实现目标。现在我已经回答了这些问题，这根本不是一个好想法。没有足够的顾客来支付我必须收取的费用。没有足够的客户让我改变他们目前使用的东西。"商业计划书可以帮助你在为时已晚之前把这些事情想清楚。

一旦你开始创业，就把 80% 的时间集中在销售和营销上。暂时忘掉记账、忘掉包装盒、忘掉装卡车吧。把 80% 的时间用在市场上，面向市场需求比其他任何事情都重要。

凡事都要保持节俭。成功的商人生活非常节俭；不成功的商人四处挥霍钱财。在硅谷互联网爆炸式发展期间，人们甚至在公司成立之前就获得了大量的风险投资，但有些人把钱花在了一些不可思议的东西上。几位企业家成立了一家网络公司，他们决定通过在拉斯维加斯举办一场盛会来募集资金，并邀请了来自全国各地的风险投资家。他们花了 1300 万美元筹备了一个晚上的狂欢活动，尽管他们一开始只有 1400 万美元。然后公司破产了，公司老板也因挪用公款而入狱。

握紧你的钱，购置二手家具和设备，使用二手办公室。买东西要非常小心，只在你需要的时候按现在需要的数量购买。要像企业一直处于破产边缘般去行动，寻找方法来保持低成本并压缩成本。

最后，从每一个错误和经历中学习。你会发现所有的生意都是反复试错的。当开始一个新的生意时，你会犯大量的错误，这是意料之中的。记住，每次经历过后，停下来自问："我们从中学到了什么？什么能帮助我们下次变得更好、更聪明？"

当你谈到这些教训时，每个人都会是积极的，每个人头脑里的调光开关都会充分打开，人们会变得更有创造力。

正如我之前所建议的，使用这两个神奇的问题：**在这种情况下我们做对了什么？下次我们会做得有什么不同呢？**

从银行借钱

每个人都会谈论从银行借钱。你必须要知道的第一件事是，银行通过向那些会及时偿还贷款的客户提供优质贷款来生存和发展。

请理解这一点：当你与银行经理交谈时，他并不是把你视为一个人，而是视为银行的收入来源。银行以高于它们支付利息的利率借钱给你。柜台里的人，其工作成败取决于他们是否发放了优质贷款。如果发放了优质贷款，他们就会升职；如果发放了不良贷款，他们就会被解雇，并被银行业拒之门外。

当银行经理看向你时，他们会非常谨慎。你可以想象到，银行经理并不喜欢高风险的人。事实上，银行并不擅长冒险。

正如一位银行经理曾经告诉我的那样，当评估一笔贷款时，他们会看5件事，即5个C。

1. **信用评级（credit rating）**。他们可以打开电脑，写上你的名字，在两秒内从三家评级公司得到你的信用评级，并把信用评级打印出来。你的信用评级会告诉他们可以基于银行规则借给你多少钱，以及他们必须向你收取多少贷款利息。有时，贷款利息可能会很高。这就是为什么你的信用评级是个人化的，你要谨慎对待你的信用评级，因为这是你余生每一分贷款的起点。

2. **抵押品：其他资产（collateral：other assets）**。我曾经去一家银行为自己的公司借钱。他们问："你还有什么？"

"还有什么？你是指什么？"我说，"我的公司。"

"不，我们不把你的公司视为资产，因为如果你的公司不成功，它就没有价值。我们想知道你是否有房子、汽车、房地产投资，等等。"在借钱给我之前，他们想要一份我所有资产的清单。

银行想要的担保物远远超过了你要向企业借贷的金额。事实上，这位银行经理告诉我，当遇到有人第一次来银行时，他们希望借出的每1美元能有5美元的担保物，以防出现问题。

3. 现金流（cash flow）。银行经理们想知道流入你公司的所有资金，以及所有其他可以用来偿还债务的现金流来源。他们不仅关心你的公司，还想知道你妻子赚了多少钱，你从保险单、投资或债券中获得了多少钱。他们想要知道你手头上的每一分钱。

4. 承诺（commitment）。你自己投入了多少钱？你手头上有多少钱？如果你没有把自己的钱全部都投进去，他们就不愿意把自己的钱借给你。

5. 形象（character）。银行经理们最后看的是你的形象、你的声誉。你有好的声誉吗？社区的人们知道你是一个按时还债的人吗？通常，你的形象会压倒其他所有因素。如果银行经理们知道你无论发生什么都会偿还债务，他们会更愿意借钱给你。

良好的人际关系

如果有必要，可以多去几家银行找一个愿意为你服务的银行经理。这就像当你决定结婚时一样：确保你们之间发生了良好的化学反应。当决定和银行合作时，你要确保你能和银行经理相处融洽。你可能要进行几次"约会"才能找到合适的银行经理。

让你的银行经理知道你的任何变化。如果有一次你无法支付账单，请让银行经理知晓，你需要投入大量的时间和精力来建立关系，确保关系保持稳固。

道理是这样的：银行经理们讨厌惊吓。他们讨厌发现你不能按月支付利息或本金，对此，他们需要提前知道。

几年前我曾遇到了严重的麻烦，但我发现只要支付利息，银行贷款就总是滚动的。我一直承诺每月支付本金和利息，所以我去找银行经理说："我这里还本金有一点缺口，但我会持续支付利息。"

他说："没关系，我们能理解。"

银行明白公司存在问题。我持续支付利息，这让我的信用评级一直保持在 800 以上。所以，如果你遇到麻烦不能同时还本付息的话，至少要支付利息。

保护你的资产

有个规律是，只要你有钱，就可能会被人起诉。有一些律师会通过恶意诉讼来赚钱。他们到处寻找有钱人，这些人可能以任何理由被起诉。如果你被起诉了，即使是最荒谬的诉讼，你也必须为自己辩护。你不能说："我想忽略它。"不行，如果你被起诉了，必须找律师，必须与之抗争。

我从资产保护专家那里学到的最好建议，是建立一个家庭有限合伙企业：一个 FLP（family limited partnership）。你用它来充当资产防火墙：把你所有的资产扔到墙里，这样它们就可以在里面得到保护。你将自己所有的资产包括房子、车子、企业等所有东西都转移到家庭有限合伙企业中，这个家庭有限合伙企业归你和你的家庭成员所有。把你的人寿保险单交给一个独立的人寿保险信托基金，这样别人就不可能触碰了。起草一份遗嘱，明确地分配你的遗产，并每年更新一次。就遗嘱而言，不要把任何事项留给运气。

为了保护你的资产，要充分投保。确保你投保了火灾、盗窃、责任、洪水和健康险。为任何你不能开张支票就足以支付的东西买保险，许多人实际上会因为投保不当而失去一切。

最后，请一位好律师起草规矩的合同、信托、遗嘱和商业协议。几年前，我遇到了一个法律问题，导致了一场拖了两三年、花费数十万美元的诉讼。我去找律师，向他展示我被起诉的合同。他问："博恩，是谁起草的这份合同？"

我说："我起草的。"

他说："博恩，下次不要这样图便宜。花几百或几千美元让律师审查，因为他们知道所有的坑挖在哪里。他们知道哪些小条款会让你崩溃，让你很容易受到诉讼攻击。博恩，别再像这样图便宜了。"

此后，我再也没有这样了。你看，为了避免不必要的麻烦，最好花点儿钱请一位律师来保护你。

CHAPTER 10

第10章

自　律

在本书前面的内容中我多次提到了自律的重要性。在本章我将深入阐述这一观点。

养成自律的习惯比其他任何品质都更有助于你的成功。几年前，我遇到一位名叫柯美雅的成功学权威，他总结了1000个成功法则，据此出版了4本书，每本书都包含250个法则。我问他哪一个法则是他认为最重要的？他不假思索地回答："自律。"他把自律定义为"在应该做某事的时候让自己去做某事的能力"，不管你是否愿意。

拿破仑·希尔在采访了 500 位美国最富有的人后，也得出结论：自律是致富的关键。著名的销售培训师艾尔·汤姆希克说："成功在于自律。"吉姆·罗恩说："后悔的痛苦万倍于自律的痛苦。"

哈佛大学的爱德华·班菲尔德博士总结出：眼光长远是经济社会向上流动的关键。经过 50 多年的研究，他发现那些取得巨大成功的人士能够推迟短期的满足，这样可以在长期获得更大的回报。在为当前的行为做决策时，他们考虑的是 10 年和 20 年后的将来。

关键词：舍弃

这里的关键词是舍弃。这就是为什么现在做储蓄和投资是未来获得财务成功的关键。自律意味着自我控制、自我克制，并且有分清轻重缓急的能力。这并不是说你不能在生活中拥有快乐的体验，而是说在完成了那些艰难且必要的工作和要紧的任务之后，你才可以拥有那种快乐。

自律练习的回报是立竿见影的。当你约束自己并强迫自己做正确的事情时，无论你喜欢与否，你都会更喜欢、更尊重自己。你的自尊得到提升，你的自我形象得到改善，你的大脑会释放内啡肽，让你感到快乐和满足。

事实上，每次你强迫自己做正确的事，你都会得到回报。

好在自律是一种可以通过重复训练养成的习惯。正如我所指出的，大概需要21天的重复，才能培养出一种中等复杂度的习惯，没有例外。有时你可以更快地养成习惯，有时需要更长的时间。这取决于你下多大的决心。

多年前，一位名叫赫伯特·格雷的商人开始寻找成功的共性。他对一些成功人士进行了长达11年的采访，最后得出结论：成功人士习惯于做那些不成功人士不喜欢做的事情。事实证明，成功的人也不喜欢做那些事，但不管怎样他们还是会做，因为意识到它们是成功的代价。

安利公司的联合创始人理查·狄维士曾经说过："生活中有很多事情你不喜欢做，比如在晚上和周末开发客户、销售、创建自己的企业，但你还是要做这些事，只有这样你以后才能做自己真正喜欢的事情。"

每一次自律训练都会同时增强你在其他方面的积极品质，就像自律中的每一个弱点都会削弱你在其他方面的能力一样。

9 条纪律

这里有 9 条纪律可以让你养成习惯，它们将改善你生活的方方面面。

清晰思考

第 1 条纪律是**清晰思考**。托马斯·爱迪生曾经说过，思考是所有纪律中最难的，这就是为什么很少有人这么做。据此可以把人分为三种类型：思考的人（一小部分人），认为自己在思考的人，以及无论如何都不愿思考的人。

花点时间来思考一下当前生活中的关键问题。把大段连续的时间留出来：30 分钟、60 分钟，甚至 90 分钟。彼得·德鲁克说过：“人的快速决策通常是错误的。”你在家庭、职业、金钱或其他重大问题上的快速决策通常是错误的。静静地坐上 30 ～ 60 分钟去思考。亚里士多德曾经说过：“智慧，即做出正确决定的能力，是经验和深思的结合。”你花越多的时间去思考你的经历，你从中得到的重要教训就越多。

定期练习独处，练习进入安静状态。每当你花 30 分钟或更长时间练习独处时，你就会激活你的超意识思维并触发你的直觉。你会从内心那个平静而轻微的声音中得到答案。

为了思考得更好，拿出一张纸，写下你所面对的问题的每个细节。有时，当你写下细节时，正确的做法就会出现。

另一种更清晰思考的方式是去散步或锻炼30～60分钟。通常你在锻炼时会得到一些见解或想法，能帮助你更好地思考、更好地做出决定。

你也可以和其他自己喜欢和信任的人，不带感情地讨论自己的情况。很多情况下，一个不同的视角会完全改变你的观点。

总这样问自己：我的假设是什么？我对这件事有何种假设？时间管理专家亚历克·麦肯齐曾写道："错误的假设是每一次失败的根源。"

你的假设是什么？你认为什么是真实的？如果你的假设是错误的呢？如果你是根据虚假信息行事的呢？在你当前的行动过程中，你可能是完全错误的，对这一点要始终保持开放态度。对完全不同的事情也要持开放态度，要承认这种可能性：你没有掌握所有的事实或者你没有掌握正确的事实。

设置每日目标

第 2 条纪律是**设置每日目标**。仅这一条就改变了我的人生，及其他成千上万人的人生。

集中专注是成功需要拥有的基本品质。你首先要问：我的人生到底想做什么？反复问这个问题，直到你得到一个明确的答案。想象一下，你有 2000 万美元的现金，但只有 10 年的寿命。在你的生活中，你会立即做什么不同的事情？没有限制地想象一下。假设你挥动魔杖，就能拥有为实现目标所需的所有时间、金钱、教育、经验和人脉，你会怎么做？

这是关键：买一个活页笔记本，每天在上面用 3P（present，positive，and personal）格式写出 10 个目标：现在的、积极的和个人的。每个目标都以“我”开头，后跟一个动作动词。例如，你可以写：“我在这个特定日期赚了 X 美元。”

每天，在你开始工作前，用现在时态重写你的 10 个目标，就好像你已经实现了它们，正在向别人报告这一成果。

在干净的纸张上重写你的目标，不要回顾上一页。从记忆中把它们重新写下来。每天重写目标时，观察你的目标是如何随着时间推移而发展变化的。许多人都说，这种设定日常目标的纪律比他们想的更快改变了他们的生活。

有一次，我在得克萨斯州的加尔维斯顿做一个演讲。介绍我的那个人站起来说："我得告诉你们我和博恩·崔西的经历。"他拿着一个破旧的活页笔记本说："当我第一次见到博恩时，他告诉我每天写下自己的目标。我就开始这样做。这完全改变了我的生活。"他挥舞着笔记本说："我实现了自己写下的每一个目标。我这辈子从未见过比这更强大的东西。"你可以自己去做。这是一条伟大的纪律。

每日时间管理

第3条纪律是**每日时间管理**。每花1分钟用于计划，就可以节省10分钟的执行时间。你计划得越多，就能越好地利用时间，也就能完成更多的目标。想象一下：如果你每天早上花10～12分钟来计划一天的工作（这就是所需要的），你将节省120分钟，或者说2小时的时间，来完成你的目标。只是简单地提前计划你的一天，生产率就提高了25%。

首先列出你所有要做的事情。写下每日清单的最佳时间是前一天晚上，这样你的潜意识就可以在你睡觉的时候工作。在开始工作前，按优先级排列该清单上的事项。仔细看看你必须做的每件事情，选出最重要的和不那么重要的。

运用 80/20 法则，即你 80% 的结果来自你 20% 的活动。那些最有价值的活动是什么？使用 ABCDE 方法来设置优先级，正如我们在前文所看到的，这是基于做不做某个特定任务的后果来考量的。

回顾一下：A 任务是你必须做的事情，不完成会有严重的后果；B 任务是你应该做的事情，不完成只有轻微的后果；C 任务是很容易做的事，你做不做并不重要；D 任务是你可以委托给别人的任务（你要委托一切能够委托的任务）；E 任务是你排除的任务（你可以排除所有这类任务来腾出更多的时间）。

一旦你在任务旁边写了 A、B、C、D、E，按 A-1、A-2、A-3、B-1、B-2、B-3 等顺序来检查并整理你的清单。早上第一件事就是开始你的 A-1 任务。一旦你开始了 A-1 任务，就训练自己专注于它，直到 100% 完成。

良好的时间管理纪律也适用于其他所有形式的自律。它能立即带来改善的结果，并能长期提高你的生活和工作质量。

勇敢

第 4 条纪律是**勇敢**。勇敢要求你做自己应该做的事，你要面对自己的恐惧，而不是躲避或逃避它们。正如我已经指出的，成功的最大障碍是对失败的恐惧，表现为觉得“我不行，我不行”。

勇敢是一种习惯，是通过在需要时训练而养成的。正如爱默生所说：“做你害怕的事，恐惧的消亡是必然的。”养成面对恐惧的习惯，而不是逃避它们。当你直面恐惧并走向它时——尤其是当它是另一个人、人群或某种情况时——恐惧会减弱，你会变得越来越勇敢。演员格伦·福特曾经说过：“如果你不做自己害怕的事情，恐惧就会控制你的生活。”一遍又一遍地重复说“我能行，我能行”，能增强你的勇敢和信心，它们消除了恐惧。

当你在生活中发现一种恐惧并训练自己去应对它、面对它，尽快去做任何需要你去做的事情时，你就开始养成了勇敢的习惯。

发现和面对恐惧的回报是巨大的。它给了你勇敢和信心，去度过你的人生并处理其他诱发恐惧的情况。记住，你越练习勇敢，就越能养成完全不害怕的习惯。

良好的健康习惯

第 5 条纪律是**良好的健康习惯**。你的目标应该是健康地活到 100 岁。设计并想象你理想的身体。如果你的身体在各方面都是完美的，那会是什么样子？这就是你的目标。

健康和健身的关键可以用 5 个字来概括：**少吃，多运动**。培养每天锻炼的习惯，即使你所做的就是去散散步。锻炼最好在早上起床之后，在你有时间思考之前。站起来，开始行动吧！如果你这样坚持做 21 天，它将成为你余生中日常生活的一部分。

就我个人而言，我会把运动服放在床边。当我起床时，几乎会踩到它们。在有机会思考之前，我穿上它们，开始行动。你不妨试试。

另一种长寿的方式是定期进行体检和牙科检查。有一天，我的好朋友哈维·麦凯问我："你最近做过体检吗？"

我说："没，几年前去做过，我的状态很好。"

"博恩，"他说，"我刚刚做了一次体检，我发现了一些他们可以立即处理的东西。如果我 5 年后再去，他们就得为我安排葬礼了。"

定期体检有可能会使你的寿命增加 8 ～ 10 年，因为现代医学可以提前几年发现可能致命的疾病，并快速治愈它们。自从得到这个建议后，我每年都要做一次全面的体检，你也应该做同样的事情。

你定期检查牙齿吗？牙齿健康、牙龈健康和长寿紧密关联。好好照顾你的牙齿。

说到健康习惯，就用迈克尔·乔丹的方法：想做就做。立马做，不要拖延。记住，你是自己的整个世界里最珍贵的人。好好照顾好自己。

定期储蓄和投资

第6条纪律是**定期储蓄和投资**，前面我已经讲过了。今天就下定决心摆脱债务，远离债务，实现财务独立。不再许愿、希望和祈祷。你（和每个人）的目标是在生活中尽快实现财务独立，这需要对你挣的每一美元都有持续的财务纪律。同样，对你来说，关键是要在一生中储蓄收入的10%、15%，甚至20%。如果你已经负债累累，那么就从储蓄你收入的1%开始，约自己靠剩下的99%生活，直到养成这一习惯。然后将每月的储蓄额增加至收入的2%、3%、10%或更多。约束自己在财务平衡中生活。

顺便说一句，你要做的就是去银行开立一个新的银行账户——你的财务自由账户。每天，当你回家的时候，把你额外的零钱和现金放在梳妆台上或厨房里的一个罐子里。假设你每月挣 3000 美元，其中的 1% 是 30 美元，那么每天你都要往罐子里放 1 美元。在每个月底，把钱存入账户。每次你得到一些备用现金，把它存入账户。每次你得到折扣或支票，也把它存入账户。把你所有多余的钱都存入这个账户，让它增长。你会发现，它的增长速度比你今天想象的要快得多。从开立这个账户开始，然后放一些钱进去，开始储蓄。

把你的想法从**我喜欢消费**转换为**我喜欢储蓄**是至关重要的。当你还是个孩子时，你收到钱后，做的第一件事可能是出去买糖果。作为一个成年人，你仍然被童年时期的反应所控制。你在收到钱的时候，会想出去买成人的“糖果”：去旅行，买衣服，买车，去餐馆吃饭。

当你问大多数人：“如果你有一大笔钱，你会怎么做?”他们说：“哦，我去这里做那些事。我会买这个，然后买那个。”他们的第一反应是花钱。

所以，改变你的想法，从我喜欢消费到我喜欢储蓄。“我喜欢存钱，我喜欢看到这些钱每个月都在增长和积累。”很快你就会改变自己的整个心态，你就会开始像财务成功人士一样思考。

推迟重大消费 30 天以上。正如我已经强调过的，有时候当你推迟购买自己热衷的东西时，你最终会对购买它完全失去兴趣。

在你投资之前做好调查。2/3 的投资成功来自避免错误。在研究这项投资上投入的时间，与你当初为赚钱投入的时间一样多。这些年来，我认识的每一个富人都在做尽职调查。他们在投资之前，研究投资项目的每个方面和表现。他们把信息提取出来，并通过他们的会计师确保一切都是正确的。虽然这样做并不能保证成功，但显著降低了犯错的可能性。

尽可能多地使用现金支付。扔掉你的信用卡。当你支付现金时，所花费的金额会更加明显和使你“肉痛”。如今，许多年轻人因为使用信用卡而债台高筑。他们把信用卡看作免费的钱，他们觉得在账单寄到家之前，信用卡上的钱并不是真正的现金。

我的一个朋友曾陷入严重的财务困境。第一个月他的信用卡没有任何利息，但第二个月是 31% 加上罚息。

一位金融专家曾说：“如果你的信用卡上有 2000 美元的债务，而你以最低额还款，利息会继续以 24% ～ 31% 的速度增长，你需要 9 年的时间才能还清债务。”9 年……

人们根本不知道信用卡债务会有多严重。

记住 W. 克莱门特 · 斯通说过的话："如果你不能攒钱，那么你也无法收获财富。"如果你可以攒钱，就能在财务生活中实现非凡成就。

努力工作

第 7 条纪律是**努力工作**。你的目标是树立一个努力工作者的名声。正如托马斯 · 杰斐逊所说，"你工作越努力，你就越幸运"。

有人说，美国每周的平均工作时间是 40 个小时。其实是 32 个小时。为什么是这样？因为人们正式工作 8 个小时，但他们将一个小时或更多的时间用于吃午餐和茶歇。此外，普通人把每天 50% 的工作时间浪费在与同事聊天、延长茶歇和午餐时间、处理个人事务、看报纸和浏览网页上。

成功的法则是：在工作时间持续工作。工作的时候，你就认真工作。想一想，这是工作时间，不是玩耍时间，不是上学时间，不是社交时间。埋头苦干，整天工作。如果这样做，你的生产率、绩效和产出都会翻一番。你的收入会翻倍，你会在财务上获得成功。

延长你每天的工作时间，尽量提前一小时上班，并立即开始工作。如果你提前一个小时来，你就能避免交通堵塞，你将有整整一个小时的时间来开始自己的一天，掌控你的关键工作，打电话，制订计划，因为没有人打断你。然后工作到午餐时间，从早到晚都不要浪费时间。

大多数人认为工作是学校的延伸，你可以和朋友聊天、在公司里闲逛、吃午饭、喝咖啡，然后进行社交活动。不，不。工作时间就是工作时间，你工作得越好，你对生活的掌控程度就越大。

工作晚一小时下班，成为最后一个离开的人。每个人都要用这段时间来结束全天的所有工作，并计划第二天的工作。我曾经为一家大型企业集团工作过，该企业集团的董事长工作非常努力。下午5点钟时，公司就空无一人，好像有炸弹似的。我一直工作到5点半或6点。有一天，我走下走廊，发现董事长是唯一在工作的人——一家价值8亿美元的企业集团的负责人。我进去问他："一切都好吗？"

他说："很好。"

我问："有什么我能为你效劳的吗？"

他说："我手头上有这个任务，但没有时间处理。你能帮我做吗？"

我说："当然。"我接过它，马上就做了。

第二天，我走下走廊，董事长仍然在那里。我们坐着聊天。在接下来的一年里，我每天都会下楼和他待上 30 ～ 60 分钟，每次他都会交给我新的任务。一年后，我管理着 3 个部门、65 个人，工资是一年前的 5 倍。当我开始像大人物一样努力工作时，整个生活都改变了。最后一个离开真的很重要。你会发现所有的高层人物都还在那里，他们也在做额外的工作。

多做 3 个小时的工作：提前上班 1 个小时，利用午餐时间工作 1 个小时，下班后多工作 1 个小时。这将转化为 6 ～ 8 个小时的额外生产力。它将使你成为公司里最有效率的人。继续问：我现在的时间做什么最有价值？无论你的答案是什么，每天每小时都要努力。随着你的优先事项的改变，答案当然会改变。将你的时间用于现在最有价值的事。

工作中最浪费时间的是什么？与其他人聊天。有些人生活中没有太多事情，所以他们想和你聊聊天。如果有人过来打扰你，你必须对他们说："谢谢你过来，但我得去工作了。"在公司里成为一个总是要去工作的人，人们就会不再打扰你，不再占用你的时间。

持续学习

第8条纪律是**持续学习**。记住：要赚得更多，你必须学得更多。吉姆·罗恩曾说过："至少要像对待自己的事业一样努力工作。"每天阅读你所在领域的书30～60分钟，这将相当于每周阅读1本书，每年阅读50本书。当你开车从一个地方到另一个地方时，在车里听音频课程，这将相当于每年额外学习500～1000个小时。

参加研讨会，参加你所在领域专家的课程。某一门课程中的某个想法也许可以帮你少奋斗许多年。

坚持不懈 = 自律

第9条纪律是**在面对逆境时坚持不懈**，这是对自律的最大考验[1]：无论你感觉怎么样，都驱使自己100%完成任务。

勇敢有两部分。第一部分是勇敢开始，在没有成功保证的情况下起步，开始前进。第二部分是勇敢坚持，当你感到气馁、疲惫，想要放弃时，要坚持下去。你的坚持是

[1] 原文中并未明确说明坚持不懈是第9条纪律，此处为译者根据上下文补充完善。——译者注

自信心和成功能力的衡量标准。你越相信自己所做的事情是善良和正确的，就越会坚持下去。你越坚持，就越倾向于相信自己和自己所做的事情。

这些法则都是可逆的。坚持，实际上是行动上的自律。你的坚持，展示了你的自律，即使你想要辞职或放弃。自律会带来自尊，带来更强的个人能力感，继而带来更持久的坚持，这种良性循环会更加促进自律。

拿破仑·希尔说："坚持对于人的个性，就像碳对于钢铁一样。"当你想要辞职的时候，你可以通过坚持不懈来让自己成为一个更好、更强壮的人。你可以完全控制自己的个性发展。最终，你会变得不可阻挡。

好处

在你生活的各个方面训练自律有很多好处，以下是其中的一部分。

1. 自律的习惯实际上保证了你在生活中的成功，无论是对自己还是对他人。

2. 与其他技能相比，你会以更高的质量更快地完成更多工作。

3. 无论你走到哪里，都会得到更高的薪酬和更快的晋升。

4. 你将体验到更强的自我控制、自我信赖和个人力量。

5. 自律是自尊、自爱和个人自豪感的关键。

6. 你的自律能力越强，你就越自信，你对失败和被拒绝的恐惧就越低。没有什么能够阻止你。

7. 有了自律，你将拥有坚持的个性优点，可以克服所有的障碍，直到成功。

从今天开始，在你生活的各个方面都训练自律。坚持练习，直到它像呼吸一样自然出现。当你成为一个完全自律的人时，你的未来将会得到保障。

CHAPTER 11

第 11 章

挑战与应战

有时似乎问题才是生活中最重要的事实。解决了一个问题，另一个问题就随之而来。这个过程似乎无穷无尽，在面对所有现实情况时可能都是这样。无论是谁，无论做什么，都会经历问题、困难、意料不到的逆境和危机，这些都会使你失去平衡，并常常威胁到自身的生存。这就是为什么解决问题是获得成功的最重要技能之一。

据估计，每家企业每 2 ～ 3 个月就会发生一次危机，如果不迅速有效地处理，可能会威胁到企业的生存。同样，每 2 ～ 3 个月，每个人都会有一次危机——与个人、财务、家庭或健康问题有关。明知山有虎，偏向虎山行。只有在关键时刻，你才能向自己和他人展示你真正的特质。正如古希腊哲学家爱比克泰德所说，“环境不能造就一个人，环境只会向一个人以及别人揭示出他是什么样的人”。

从 1934 年到 1961 年，历史学家阿诺德·汤因比写下了 12 卷系列著作《历史研究》(*A Study of History*)。在书中他研究了 3000 年来 26 种文明的兴衰。他在这些帝国生命周期中发现的很多东西，都适用于商业和工业的兴衰，也适用于个人。

汤因比发现，每一种文明都是从一个小部落或群体开始的，会突然面临来自外部的挑战，通常是敌对部落的攻击。为了应对这种外部威胁，首领必须立即整编并有效应战，才能生存下去。如果首领做出了正确的决定，采取了正确的行动，部落就会奋起迎接挑战，打败敌人，并在这个过程中变得更强大。一旦部落变得更加强大，这个部落就会遇到或引发与另一个更大的敌对部落的对抗，从而必须面对另一个挑战。只要首领和部落继续崛起，战胜他们所面对的不可避免的挑战，他们就会继续生存和成长。汤因比还发现，文明只要能够应对来自外部的挑战，就会继续成长。当不再能应对挑战时，文明就会开始衰落。汤因比称之为**文明演进的挑战与应战理论**。

这些法则也适用于你的个人生活。从注册自己公司的那一刻起，你就会面临各种各样的问题、困难、失败和挑战。你刚解决完一个问题，就要面对另一个问题，新问题往往更大、更复杂。你承担责任的能力决定了你的生存、成功、健康、幸福和繁荣。一切都包含在你的回应里。

汤因比还发现，这些挑战是不请自来的。没有人能预见它们或为它们做好准备，人们唯一能控制的部分是对挑战的应战。

一切都包含在应战里。

重要的不是发生在你身上的事情，而是你如何去应对它。要想充分发挥自己的潜力，成为你所能成为的人，唯一的办法就是在关键时刻有效应对。实现所有目标的唯一方法是有效应对日常生活中不可避免的危机。

好消息是，现在你已经拥有了应对任何问题或危机所需的一切。运用你的智慧和创造力去寻找解决方案，没有什么问题是你无法解决的。只要你有足够的决心和毅力，就没有无法克服或逾越的障碍。

保持冷静

在关键时刻生存和发展的第一法则是保持冷静。当你经历突然的挫折或逆境时，你的第一项工作就是控制你的思想和情绪，并确保自己表现得最好。当事情出错时，自然的倾向是反应过度或以消极的方式做出反应。你可能会变得愤怒、沮丧或害怕。紧张的想法和负面情绪会立即开始关闭你大脑的主要部分，包括大脑的新皮层——你的大脑中用来分析、评估、解决问题和做决定的思考部分。

如果你在事情出错时没有意识到并立即打起精神、控制情绪，你就会自动做出“战斗或逃跑”反应。你会开始出现情绪化反应，因为你没有能力保持冷静并清晰地思考。

在危机中保持冷静的出发点是避免不假思索地自动做出反应。试想一下，如果每种情况都是一个测试，看看你有什么本事，每个人都在看着并等着看你怎样应战。你可以通过下定决心、以身作则使自己保持冷静，为他人树立榜样，并展示处理重大问题的正确方法，就像你在给别人上课一样。记住，你对危机的反应决定一切。这就是考验。

负面情绪的主要来源是期望落空：你期望一件事以特

定的方式发生，但实际发生了完全不同的事情。有两种引发负面情绪的因素——对失败的恐惧和对被拒绝的恐惧，它们是我们的宿敌。其中任何一种都可能导致愤怒、抑郁，甚至使人完全丧失思考能力。

当面对金钱、客户、职位、声誉或他人生命和健康的潜在风险时，你会经历对失败的恐惧；当出现问题时，你会经历被拒绝的恐惧（这与你对批评和反对的恐惧密切相关），你会觉得自己没有能力，不能胜任这件事，或者被其他人看不起。

你的想法、情绪和行为在很大程度上取决于自己的解释风格，即你向自己解释或诠释事物的方式。你 95% 的情绪，无论是积极的还是消极的，都是由你对周遭事情的诠释方式引起的。虽然你的大脑可以连续容纳成千上万种想法，但它每次只能容纳一种想法。你在任何时候都可以自由选择一种想法。

这里有一个例子：不要使用“问题”或“危机”这种词，用“情况”这个词。问题是消极的，而情况是中性的。你可以说：“我们现在面临着一个有趣的情况。”这可以让你和所有人都保持冷静。

更好的是，使用“挑战”这个词：“这是一个我们没有预料到的有趣的挑战。”或者用“这是一个机会”来描述一个挫折或困难。使用这些话语可以让你的思想保持积极性和创造性，也可以让你完全掌控自己。

保持冷静，拒绝小题大做。很少有事情像它们最初看起来那么糟糕。问问其他相关人员，并耐心地倾听答案。与配偶或值得信赖的朋友谈论这个问题，可以极大地帮助你保持冷静和克制。

你面临的每个问题中，都可能有一个同等乃至更大的好处或优点。当你训练自己在各种情况下寻找美好的一面，并寻求其中可能包含的宝贵经验教训时，你会自然而然地保持冷静、积极和乐观。

保持自信

掌控困境的另一个关键是对自己的能力保持信心。吃惊、震惊和愤怒是人遇到逆境时的自然反应，就好像太阳穴的神经刚被重拳击打了一样。尽管这很正常，但请记住，你有能力应对任何挑战。

积极地提示自己。为了重建你的自信，可以说“我喜欢自己，我能处理好任何事情”或者“我能处理好发生的任何事情”。你可以通过反复对自己说“我能行，我能行，我能行，我能处理好这件事”，中和掉因害怕失败而引发的负面情绪，以积极的方式与自己交流。告诉自己，你可以做任何自己想做的事；告诉自己，没有你解决不了的问题。

解忧公式

有一个很好的方法来处理危机或问题，它被称为**解忧公式**。你可以在各种情况下使用它，它由以下四个部分组成。

1. 明确定义问题，最好以书面形式。如果一开始问题就被明确定义，那么大多数问题都是可以被解决的。记住，在医学上，人们说准确的诊断是治愈的一半。

当我的公司面临挑战时，我常常会让人们坐下来提问："情况到底是怎样的？"我们会把它写在活动挂图或白板上。当我们这样做时，有人会说："嗯，不，并不是那样。这是怎么回事呢？"我们会继续把新的意见写上去，直到情况被清楚地描述出来。一旦走到这步，在 50% 的情况下会得到一个明确的解决方案，然后我们回去继续工作。

2. 问问你自己，这个问题最坏的结果是什么，在最糟糕的情况下会发生什么事情。看看这一切：你可能会失去你的钱、你的时间、你的客户、你的生意。清楚而又真实地确定可能发生的最糟糕的事情。

3. 下定决心做最坏的打算。你不妨说："好吧，即便这种事发生了，也不会丢了性命。"一旦你决定接受最坏的情况，你的思维就会变得清晰，情绪就会恢复平静。你可以开始展望未来，因为你所有的压力都消失了。

4. 立即开始改善最坏的情况。立即开始行动，以确保最坏的情况不会发生。你现在能做些什么来解决这个问题呢？不管那是什么，一心一意地避免最坏的后果，然后你就能回到完全掌控局面的精神状态。唯一真正能缓解忧虑的是朝着自己的目标采取有效的行动。

自信和自尊来自朝着目标前进的感觉。让自己忙于解决面临的问题，以至于没有时间去担心发生了什么，尤其是那些你无法改变的事情。然后继续前进。

领导素质

领导者最普遍的素质是**有远见**。领导者对于未来想要去的地方和想要实现的目标有一个清晰的、令人兴奋的愿景。

领导者第二大普遍的素质是**勇敢**。事实上，每个人都会害怕。我们有各种各样的恐惧，小的和大的，隐藏的和暴露的。正如马克·吐温所说，“勇敢是对恐惧的抵抗，对恐惧的掌握，而不是没有恐惧”。

对失败的恐惧所导致的最坏影响是完全丧失思考能力，人们的情绪会进入一种震惊的状态。爱默生曾经写道：“如果你想成功，你必须下定决心面对你的恐惧。如果你做了你害怕的事，恐惧必然消亡。”你可以通过面对恐惧和做那些你最害怕做的事情来训练自己变得勇敢。

在商业和个人生活中，最普遍的恐惧是害怕对抗。你必须鼓起勇气面对生活中难相处的人，去解决问题。幸运的是，你可以通过勇敢的行动变得勇敢。当你做自己害怕的事情时，你会感到自己很勇敢。

在生活中，勇敢伴随着勇敢的行为。正如爱默生所写，“做这件事，你就会拥有力量”。一位老人曾对他的孙子说：“大胆行动，看不见的力量就会来帮助你。”作家多萝西娅·布兰德曾写道，她曾收到的最重要的建议是：“要表现得好像不可能失败一样，就应该这样。”

现实法则

通用电气已故总裁杰克·韦尔奇说，所有领导法则中最重要的是现实法则：面对现实世界原本的样子，而不是你所希望的样子。在困境中，首先要问，现实是什么样的？

将 ITT 打造成 5600 亿美元国际集团的高管哈罗德·吉宁说："解决问题最重要的要素是了解事实。"他说："你必须得到真实的事实，而不是所谓的事实、假定的事实、所希望的事实或想象的事实。如果发生了什么事，特别是过去发生的且不能改变的事情，它就属于事实的范畴。"

每当你面临生活或商业中的关键时刻，暂停打电话，集中精力获得所有你能得到的信息。提问题，并仔细倾听答案。"到底是什么情况呢？发生了什么事？这是怎么发生的？什么时候发生的？它发生在哪里？事实是什么？我们怎么知道它们是准确的呢？谁参与其中？谁应该负责做或不做某些事情？"永远不要为你无法改变的事实而担忧或烦恼。

不要因他人的错误和缺点而生气或责备他人，要专注于了解情况并确定具体的行动。拒绝因任何事责怪别人，一旦你停止责怪他人并对未来负责，你的负面情绪就会停止，你的思维就会变得清晰，你开始做出更好的决定。

在危机中，你能提出的两个最好的问题是："我们想做什么？我们想怎么做？"在这种情况下，我们的假设是什么？如果我们的假设是错误的呢？如果我们的一个主要假设是错的，那将意味着什么？我们还需要做些什么不同的事情呢？永远不要以为你掌握了所有信息，或者以为你掌握的信息是正确的。

不要将相关性与因果关系弄混。大多数人往往急于下结论。在许多情况下，当两个事件相继发生时，人们会认为一个事件是另一个事件的原因。然而，通常情况下，当有两件事相继发生时，它们之间并没有因果关系。如果你假设两者之间存在因果关系，那么可能会导致混乱并使你做出糟糕的决策。不要让这种事发生在你身上。

控制你的思想

当事情出现问题时，你可能会倾向于以消极、恐惧和愤怒来回应。每当你受到伤害、损失或威胁时，你就会用“战斗或逃跑”反应来保护自己。然而，作为一名领导者，你的首要工作是牢牢掌控自己的思想和情绪，然后控制住局面。

领导者关注的是未来，而不是过去。他们关注现在可以做些什么来解决问题或改善情况。他们关注自己所控制的东西，关注自己的下一个决定和行动，你也必须这样做。

当一家公司陷入严重的困境时，董事会通常会解雇现在的总裁，并引入一名转型专家，他会立即完全接掌该公司。他把所有的决策工作都集中在办公室里，他控制着所有的支出，细到签署的每一张支票，这样他就能清楚地知道公司向谁支付了多少钱。然后，他会大胆而无情地行动，做出艰难的决定，并采取必要的行动来拯救公司。

要成为自己的转型专家，你必须做的第一件事是，对从这一刻起发生的一切承担 100% 的责任。领导者接受职责并承担责任，非领导者会逃避责任，并转嫁给别人。你必须格外保持积极和专注，要这样提醒自己："我要负责任，我要负责任。"或者就像哈里·杜鲁门所说："责任就在这里，我是那个负责的人。"对你自己说：**"如果谁要负责的话，那就是我。"**

悲伤的 6 个阶段

心理学家伊丽莎白·库伯勒·罗斯描述了一个人在面对死亡时所经历的各个阶段（无论是亲人还是自己，比如临终诊断）。她确定了悲伤的 5 个阶段：否认、愤怒、责备、抑郁和接受。对于生活危机，我们可以添加第 6 个阶段：复苏或掌控。

你面对重大挫折的第一阶段反应往往是**否认**。你会感到震惊，觉得这不可能发生。你的第一反应是把它拒之门外，希望它不是真的。

面对重大挫折的第二阶段反应是**愤怒**。你会倾向于猛烈抨击那些你认为应该对问题负责的人。

面对重大挫折的第三阶段反应是**指责**。在商业领域，一开始就以“猎巫行动”确定谁该为某事负责是很常见的。这种行为满足了许多人的深层次需求，即在出现问题时认定某人有罪。

面对重大挫折的第四阶段反应是**抑郁**。现实通常是这样：一个不可避免的、不可挽回的挫折发生了，损害已经造成，金钱已经损失。抑郁通常伴随着自怜和成为受害者的感觉。你会感到失望、被他人背叛，你为自己感到难过。

面对重大挫折的第五阶段反应是**接受**。到了这样一个阶段，你最终意识到危机已经发生，它是不可逆转的，就像一个破碎的盘子或溢出的牛奶。你接受了损失，并开始展望未来。

面对重大挫折的第六阶段反应是**复苏**。在这一阶段，你完全掌控了自己，开始思考下一步可以做什么来解决问题并继续前进。

每个人都经历了前五个阶段，这很正常且自然。唯一的问题是，你能多快穿越它们？一个人心理健康的标志是他对生活中不可避免的起起落落有适应力。正如伟大的演讲者查理·琼斯所说："重要的不是你跌了多深，而是弹起来多高。"应该认识到每个人都会犯错误，事情总是会存在问题。即使是最优秀、最有能力的人偶尔也会做蠢事，你也一样。

如果别人丢了球，不要生气或者去惩罚他，要用善良和同情来对待这个人。总是试着假设每个人的最佳意图，然后专注于解决问题并采取行动。

创造性的放弃

根据经理人协会的说法，21 世纪在商业上获得成功的最重要特质是灵活。随着知识和技术的爆炸式增长，再加上竞争以及产品、服务、流程、市场和客户等各方面的快速发展，今天的变化正以前所未有的速度发生着。

也许，在动荡时期，保持灵活性和适应性的最重要工具是零基思维（zero-based thinking）。你停下来，往后站，客观地审视自己的公司，就好像你是一个旁观者。你问自己这样一个问题：我今天做的事情里，有没有什么是基于我现有的认知，在推倒重来时不会再去做的？训练自己定期诚实地回答这个问题。每当这样做时，你就会从不同的角度来看待事物。基于你现有的认知，有没有什么产品或服务是你不会再向市场提供的？如果有，你的下一个问题必须是：我该怎样且以多快的速度停止这个产品或服务？

彼得·德鲁克把这称为创造性放弃的过程。你必须准备好放弃任何浪费时间和资源的产品或服务，来销售和交付更受欢迎、更有利可图的产品或服务。有没有什么活动或业务流程，是你具备现有的认知后不会再启动的？在你的公司运作中，是否有任何开支、方法或程序，如果你具备现有的认知，就不会重新开始？在你的公司里，有没有一些人是你基于现有认知思考决定不会雇用的？有没有一些人是你不会考虑提拔、分配特定责任的？

在个人层面上，如果你具备现有的认知，你的个人生活中有没有什么关系或状况如果重新开始今天就不会再陷入困境了？

还有一种减少损失的方法是，想象某天早上你上班时，发现你整个公司都被烧毁了。幸运的是，你的员工很安全，他们站在停车场周围，看着大楼被大火吞噬。碰巧的是，街对面有间办公室，你可以立即搬进去，“重启”

你的公司。

如果这种情况发生在你身上，你会立即开始生产哪些产品或提供哪些服务？你会立即联系哪些客户？你会首先从事什么商业活动？最重要的是，如果你重新开始，你今天不会再涉足哪些业务活动、流程和开支？

如果你曾经为了挽救你的公司而缩减、中断任何东西或解雇任何人，你应该在关键时刻立即这样做。不要拖延，缩减所有非必要的开支，取消所有非必要的活动，回到基本点。专注于对你的成果起主要作用的 20% 的产品、服务和人员。

管理危机的 4 个步骤

正如我说过的，在一个动荡、快速变化、竞争激烈的环境中，每隔两三个月就会出现某种危机——商业危机、金融危机、家庭危机、个人危机，甚至是健康危机。这是你公司或生活的关键时刻，也是一种考验。无论结果是成功还是失败，这对你都是非常重要的。它可能会对你未来的事业或生活产生重大的、积极的或消极的影响。

当危机发生时，你应该立即做 4 件事。

1. “止血”。进行损害控制，尽可能减小损失。在商业上，你必须不惜一切代价保存现金。

2. 收集信息。了解事实，与关键人物交谈，并准确了解你正在处理的问题。

3. 训练自己只考虑解决方案。考虑你可以立即采取什么措施来减少损害并解决问题。

4. 以行动为导向。想想你的下一步，通常来说，任何决定都比没有决定要好。

危机预测

决定公司和个人成功的一个关键策略是危机预测。你可以通过展望未来的 3 个月、6 个月、9 个月和 12 个月来练习危机预测，即预测未来可能发生什么会扰乱你的公司和个人生活，未来可能发生的最糟糕的事情是什么。拒绝跟自己的大脑玩游戏；拒绝祈求、希望或假装某些事情永远不会发生在你身上。养成“如果发生了这种情况，会怎么样”的心态。即使发生灾难的可能性很小，卓越的思想家也会仔细考虑该问题可能导致的所有后果，并相应地准备方案，为可能发生的紧急情况和危机制订应急计划。

如果出现了严重的问题，你会有什么反应？你会采取什么措施？你会先做什么，后做什么？展望未来的道路，想象一下会发生什么，然后回到现在，在可能的问题发生前做好预案。

为了确保危机不会重演，请做一次任务汇报。到底发生了什么？这是怎么发生的？我们从中学到了什么？我们能做些什么来确保它不会再次发生呢？根据斯坦福大学的统计数据，《财富》1000 强企业中顶级的首席执行官最重要的素质是危机应对能力。

如何应对不可避免的危机，是衡量你的才智和成熟度的真正标准。你预测危机并从中吸取教训的能力，对你应对后续危机至关重要。

首先确定明年你的商业或财务生活中可能发生的 3 件最糟糕的事情。今天你能做些什么来尽量减少这些危机造成的损失？找出你个人和家庭生活中可能发生的最糟糕的事情，然后采取措施确保它们不会发生。

将零基思维应用到你的商业和个人生活的每一部分。如果你具备现有的认知，今天还会再做手头的事情吗？想象一下，如果今天可以重新开始你的个人生活或商业生活，你会去做什么？你会从中得到什么？你会开创什么样的公司？你会放弃什么？

对问题承担全部责任，并尽快度过悲伤的五个阶段。拒绝因为任何事责怪别人，承认人们会犯错。把重点放在解决方案上，而不是谁做了什么，谁该受责备。

做自己的顾问。考虑一下你今天面临的问题，想象一下你被雇用来彻底分析它，并向你的客户就解决方案提出建议。保持冷静和客观，就像你是一名外部顾问一样。通过获取所有相关事实信息来确定问题的性质。很多时候，你并没有掌握正确的事实。很多时候，看起来像问题或危机的事情其实没有那么严重，因为你只听到了一半的故事。一旦你听到故事的其余部分，你就会意识到这没什么大不了的。在你做出反应之前，花时间彻底调查一下。

确定你害怕的人、情况或行为。下决心立即面对它，并把它抛在你身后。在你的一生中养成做自己害怕的事情的习惯，那么恐惧必然会消失。

如果你的生存受到威胁，你会做出什么决定？想好之后，现在就做，不要拖延。你能有效应对日常生活中不可避免的危机，这是你性格和个性的真正标志。

有效应对危机的出发点是，设想自己在面对意外状况或逆境时保持平静、冷静和镇定。在脑海中审视自己，就好像你完全掌控了局面。然后，当出现意外情况时，你将在心理上做好呈现出最佳表现的准备。

记住，没有你无法解决的问题，没有你无法克服的障碍，也没有你运用智慧无法实现的目标。永远不要放弃。

CHAPTER 12

第 12 章

简化你的生活

每个人每天都有太多的事要做，时间太少。你会被工作、任务和责任压得喘不过气来。因此，你面临的挑战是简化你的生活，让自己有更多的时间去做最重要的事，而花更少的时间去做那些根本不重要的事。在这一章中，你将学习各种方法、技巧和策略来重构你的生活、简化你的活动、完成更多的工作，并在私人生活中与家人享受更多的时光。

确定你的价值观

简化生活的出发点是确定什么对你最重要。你的价值观是什么？你的核心信念是什么？你最关心的是什么？在一生之中，你必须提出并回答的最重要的问题是："我这一生真正想做什么？"你想终此一生来做的事情，必然是你核心本质（即内心深处那个真实存在）的表达。

为了简化你的生活，把内心平和作为你的最高目标，然后围绕着它来组织你的生活。任何能带给你平和、满足、快乐、有价值感和重要性的东西都适合你。任何导致你产生压力、分心、不快乐或恼怒的事情对你来说都是错误的。你必须有勇气去组织你的生活，这样你才能做更多带给你最大快乐和满足感的事，少做那些让你失去快乐和满足感的事情。

确定你想要什么

在所有我阅读过的不快乐人群的研究报告中，我发现他们有一个共同点：没有明确的目标——没有方向感。他们有许多愿望、希望和渴望，但没有承诺目标。结果，他们的生活总在绕圈子，他们在大多数时候都感到不满和空虚。

列出你想实现的 10 个目标，然后问：如果我在接下来的 24 小时内能实现一个目标，哪个目标会对我的生活产生最大的积极影响？这个目标通常是这张纸上最醒目的那一个。围绕着它画个圆圈。

你现在已经准备好重新组织你的生活，简化你的活动了。你最重要的目标变成了你的主要目标，一个明确的目标，在可预见的未来一直是你的焦点。

列出你能想到的所有你能做的事。然后立即开始做其中最重要的事，以实现你最重要的目标。

每天都要想着你的目标。早上起床时，想想你的目标；晚上睡觉时，想想你的目标。每天做一些事情，推动你实现最重要的目标。这一行动将以你现在难以想象的方式，精简、优化你的生活。

平衡你的生活

平衡的关键是确保你的外在活动与内在价值观相一致。当你回归自己的价值观并确保你所做的每件事都与它们一致时，你会体验到幸福、和平、快乐和解脱。此外，你大部分的压力、不快乐、消极和不满都来自你试图在外部世界做一些与内心最重要的价值观相冲突的事。

不妨使用20-10练习：想象你在银行有20百万美元的免税现金。再想象一下，你只剩10年的时间可以消费和享受这20百万美元了。你会在生活中做些什么改变？

简化（生活）的关键是想象你对你想成为什么样、拥有什么或做什么都没有限制。想象你有足够的时间和金钱，你拥有所需要的技能和能力，你拥有所有需要的朋友和联系人。想象一下，你可以做任何你想做的事情。生活将会变成什么样？

“我错了”

正如我在前一章中提到的，通过零基思维，你可以与自己曾做过的每个决定或承诺划清界限。然后你问自己这样一个问题：具备了现有的认知，如果我不得不重来一遍，今天不会再做自己手头上的哪些事？

为了简化你的生活，你必须承认自己并不完美。准备好说“我错了”这句神奇的话。越早承认这一点，你就能越早简化和改善自己的生活。要乐意说“我犯了一个错误”。这并没有什么问题，这是每个人学习和成长的方式。拒绝纠正错误才有问题，因为我们的意识里总认为自己是正确的。心理学家杰拉尔德·扬波尔斯基曾经提问道："你是想要正确，还是想要快乐？"你必须自己做决定。

最后，学会定期说"我改变了主意"。令人惊讶的是，有很多人因为不愿意承认自己已经改变了主意，让自己陷入了压力、愤怒、沮丧和不满的困境。

这是不适合你的。你必须往后退一步，回顾你的一生。在你的生活中，如果你不得不重来一次，有什么是你今天不会再去做的？如果有的话，要有勇气承认你犯了所有人都会犯的错误，然后采取措施去改变。

重新组织你的活动

只有四种方法可以改变你的生活质量：一是在某些事情上做得更多；二是在另一些事情上做得少一些；三是开始做一些今天没有做的事情；四是停掉另外一些手头的工作。将其中的一个或多个方法应用到你生活的每个部分，以简化生活。

退后一步，看看你的生活，尤其是那些给自己带来压力和沮丧的部分。你如何重新组织这些部分，更多地去做能带给自己最大快乐的事情，更少地做其他的事情？

重新组织你的生活。让自己可以同时做更多类似性质的任务。早一点开始，稍微努力一点，工作到稍微晚一点，同时做几个类似的任务，而不是把它们分散开。不断地思考如何重新组织你的生活，让它变得更简单、更好。

重新组织你的工作。记住对自己所做的每件事都应用 80/20 法则。工作中 80% 的价值将包含在你 20% 的行动中。这意味着你所做的 80% 的事情并没有贡献太多的价值。重新安排工作和生活的秘诀是，你要花越来越多的时间做那些对你的生活和工作贡献最大的事情，同时，花越来越少的时间做那些贡献很少的事情，有时候你应该完全停止做这些事。对时间最糟糕的运用，就是把那些根本不需要做的事情做得很好。

重新设计你的个人生活

整个重新设计的过程都是基于在所有过程中练习减少步骤。在商业领域，我们鼓励人们列出特定工作流程中的所有步骤，然后寻找一种方法，在流程第一次通过后，将步骤数减少 30% 以上。这通常并不难。

在你的生活中，重新设计生活、减少步骤并简化活动有三个关键点。

1. 把你能委托的一切事情都委托给别人。你委托的低价值事项越多，你释放的时间就越多。你会有更多的时间去做那些只有你才能做的事情，这才是真正的不同。

2. 外包你公司中可以由其他专业公司完成的一切活动。大多数公司都深陷在一些事项里，而其他公司通常能以更低的成本更好、更高效地完成这些事项。

3. 消除所有低价值和无价值的活动。正如南希·里根所说，对任何不能充分利用时间的事情说“不”。

定期重塑自己

想象一下，你的公司、工作和职业经历在一夜之间消失了，你不得不重新开始。你会做些什么不同的事情呢？

想象一下，你必须把你的教育和经验结合到一个新的职业或活动领域。如果你拥有需要的所有技能、能力和金钱，你会真正想做什么呢？你应该定期重塑自己，至少每年一次。你应该后退一步，审视你的生活和事业，问问你自己：“如果我现在不做这些，具备了我现有的认知，我还会进入这个领域吗？”如果答案是否定的，那么你的下一个问题是：“我该怎样出去，多快？”

设置优先级

简化你生活的最好方法之一就是重新安排你的优先事项。要意识到，你所做的 80% 的事情提供的价值很低或没有价值。通过设定优先级，你会把越来越多的时间集中于那些真正改变你生活的事情上——真正让你快乐的事情。

在确定优先级时，最重要的一个词是**后果**。如果某件事很重要，那么做或不做的潜在后果很严重；如果某件事不重要，那么做或不做的潜在后果很轻微。每天都要问自己："什么事情只有我能做，并且如果完成得好会带来真正的不同？"无论你对这个问题的答案是什么，首先要回答这个问题。

设置限制。你能简化生活并控制时间的方法之一就是停止做某些事情。你已经太忙了。你的任务卡已经填满了。你不可能仅仅通过学习如何提高工作效率来简化你的生活。你还必须停止做尽可能多的事情。

如果要开始一项新任务，你必须暂停或中止旧任务。为了放进新的东西，你必须摆脱一些旧的东西，因为你已经过度劳累了，你不能做比现在更多的事情了。训练自己创造性地放弃那些不重要的任务和活动，然后做越来越少但更有价值的事情。

计划你的时间

有句老话是，适当的事先计划可以防止糟糕的临场表现。这被叫作 6P 公式。

每花 1 分钟在计划上，就可以节省 10 ～ 12 分钟的执行时间。这意味着你提前计划每一步，可以节省多达 90% 的时间。这几乎是奇迹。

提前做 1 年的计划，尤其是与家人和朋友一起度假的时光。预订下单、付款，然后把这些日期从日历上圈出来，就好像它们是与你最大、最重要的客户的约会一样。

提前做好每月计划，把它摆在自己面前，然后决定你要如何度过这段时间。你会惊讶地发现，通过提前计划一个月的生活，你的工作效率会提高很多，生活也会变得简单很多。

提前做好每周计划，最好是在前一周的周末做。在每次坐下来计划时，使用 70% 法则。这条法则是说，你不应该安排超过 70% 的时间。给你的日程留出一些空白时间，这样你就有时间处理意外的紧急情况和工作延误。

提前做好每日计划，最好是在前一天晚上做。列出你必须做的事情，并按优先级排列。选择你的 A-1 任务，并准备好早上起来做的第一件事就是这项任务。

委托一切可能的工作

当你刚开始职业生涯时，你必须亲自做每件事。

如果你想要成长、进步，变得高效，拿到高薪，你必须把一切可能的事情都委托给可以完成这些任务的人。将你的每小时工资作为衡量标准。如果你每年挣 5 万美元，你的小时工资大约是 25 美元 / 小时。不妨把所有的事情都交给每小时工资低于你，并且预期能完成任务的人。有时候，坐着什么都不做，只是思考和运用你的创造力，也比做那些让你疲惫不堪、耗费时间的低薪任务要好。

当委派任务给其他人时，你要确保他们有能力完成。委派不是放弃，一旦你委派了一项任务，就必须监督它，确保它按时、按计划、按预算地完成。时刻检查你的预期目标。

专注于更高价值的任务。继续重构自己的工作安排，这样你就会花越来越多的时间在这些具有最大价值的少量任务上。

最重要的时间管理问题是，**我现在最有价值的时间是**

用在哪里？你应该在每天的每个小时里都问和回答这个问题。无论你对这个问题的答案是什么，确保自己每天每分钟都在这件事情上努力。

专心工作

选择你最重要的任务——你清单上的 A-1 任务——并开始这个任务，然后督促自己专心完成它。时间管理专家发现，如果你多次启动、停止一项任务，你完成任务所需要的时间量将增加 500%。即你会花掉比原本长 5 倍的时间。

此外，当你专心于一项任务时，你可以将完成任务所需的时间减少 80%。这会给你投入的时间和精力带来 400% 的回报。所有这些额外的时间都可以用在生活中的其他事情上，给你带来更多的快乐和满足。

减少你的文件

使用 TRAF 方法来减少你的文件，并浏览大量的报纸和杂志。T 代表**投掷（toss）**，这些东西你不读就马上扔掉。这个习惯本身就是一个很好的节省时间和简化工作的方法。R 代表**参考**（refer），这些都是你指派给别人去处理的事情，而不是让自己烦恼。第三个字母 A 代表**行动**（action），这些是你需要亲自行动的事情：你把它们放到一个文件夹中，然后按照优先级排列，并在一整天里处理它们。

最后一个字母 F 代表**档案**（file）。这些都是以后必须归档的东西。记住两件事：第一，你归档的文件中有 80% 的内容不会再被查阅，它们只会把你的柜子弄得乱七八糟；第二，无论你什么时候让别人把材料归档，都是在给别人增加工作，让别人的生活变复杂。除非绝对必要，否则不要这样做。

把事情放在一边

养成在旅行时关掉收音机的习惯，特别是与家人和朋友在一起时。当你晚上回家时，把电视机关掉。每当关掉收音机和电视机，你就会创造出一个声音真空，充满了对话、互动以及家庭和私人生活的真正乐趣。一个可行的替代方案是，使用电视自动录像系统来录制你喜欢的节目，并且跳过广告，这样你就可以在自己方便的时候随时观看。

当早上起床时，你要抵制电视机的诱惑。相反，花几分钟阅读一些有教育意义的、激励性的或鼓舞人心的东西。花点时间来计划你的一天。想想你是谁，你想要什么，而不是让无休止的电视或广播噪声来填满你的脑袋。

先建立关系

你在生活中所获得的许多乐趣和满足感，都来自与他人的互动。把生活中最重要的人放在你最优先考虑的位置上，把其他一切都放在这些人之后。

想象一下，你只剩下 6 个月的生命了，你会如何度过这些时光呢？不管你的答案是什么，我相信不会是赚更多的钱或回办公室打电话。

如果拥有所有想要或需要的钱，你将如何改变你的生活？几乎在每一种情况下，你都会想到和自己最关心的人在一起。不要等到你财务独立或者只剩 6 个月的时间，才开始花更多的时间和你生命中最重要的人在一起。现在就开始吧。

照顾好你的身体

你可以通过少吃、吃得更好、定期锻炼、变瘦、定期体检和牙科检查、吃适当的食物、好好照顾自己来简化自己的生活。

想象一下，你已经变得非常富有，并且买了一匹价值 100 万美元的赛马。你会喂那匹马吃什么呢？我可以保证，你不会用快餐、垃圾食品、汽水或薯片来喂马。你会找全世界最好的食物来喂那匹马。

要知道，你比一匹价值 100 万美元的赛马尊贵上千倍。像喂一匹价值 100 万美元的马一样为自己准备美食。好好照顾你自己的身体吧。

每天练习独处

每天花 30 ～ 60 分钟一个人安静地坐下来，花时间倾听自己内心的声音。独处的练习将改变你的生活。在独处中，你会得到改变自己行为的想法和见解。当有规律地练习独处时，你会明显感受到平静、安静的创造力和放松的感觉。当从独处阶段出来后，你会感到自己和自己的生活非常美好。

独处是人类最美妙的乐趣之一。除了定期独自静坐 30 ～ 60 分钟，什么都不用花费。不妨试试看。

生命的目标

你可以通过反复练习这些想法来简化你的生活，直到它们形成习惯。养成习惯去做更少但是更重要的事情；养成习惯简化你的生活，同时增加你获得的喜悦和满足感。

你的目标是活得长久、幸福，充满快乐和满足，实现你的潜力，成为你能成为的一切。亚里士多德也许是有史以来最伟大的哲学家，他认为所有人生活与行为的终极目标都是获得幸福。这是人类活动的主要目的。那么，我们应该怎样生活才能幸福呢？

你实现生活平衡的出发点是把自身幸福作为生活的首要目标，然后安排一切来实现这一目标。如果你完成了生活中的一切任务，却并不幸福，那么你还没有充分发挥自己的潜力。

你 85% 的幸福来自自己与他人的关系，无论是在家里，在工作中，还是在生活的各个方面。为了幸福，你需要在工作和个人生活之间保持平衡。

4 个关键领域

生活中有以下 4 个关键领域需要相互平衡。

1. 健康、活力与个人健美。你需要花足够的时间保持健康和健美，吃适当的食物，锻炼身体，获得足够的休息。

2. 家庭与人际关系。你需要花足够的时间和生命中最重要的人在一起，做那些能给你带来最大快乐和满足感的事情。

3. 工作与事业。你需要做自己喜欢的工作，它会带给你个人成就感，带给你丰厚的报酬，并且你能把它做得出彩。

4. 财务独立。掌控自己的财务状况，定期储蓄和投资，感觉自己正在一步步走向财务独立。

此外，你还需要学习和成长，为你的社区做出贡献，并提升你的精神境界。如果你在这些方面有所缺失，你的生活会很快失去平衡。当你所做的外部事项与内心真正想要的不一致时，你就会产生压力。

在你生活的方方面面，尤其是在做决定时，你可以问的一个最重要的问题是：**真正重要的是什么呢？**记住 80/20 法则：你 80% 的幸福和满足感来自 20% 你所做的事情。

你最重要的能力是思考的能力。你思考得越充分，做的决定就越好。你做的决定越好，采取的行动就越好。你采取的行动越好，在各个领域取得的成果就越好。

在你的生活中，真正有用的是什么？你生活中的哪些部分给了你最大的快乐和满足感？哪些人和活动最让你幸福？什么会让你感到压力、沮丧或不快乐？你在回答这两个问题时——**“什么是有效的？什么不起作用？”**——思路越清晰，就越快在生活中获得平衡。人类是惯性生物，我们常常进入一个常规区或舒适区，在那里一遍又一遍地做某些事情，即使这些事情不再有效或不再让他们幸福。

成年人生活压力的一个主要来源是否认。当我们拒绝面对生活中某一个重要区域的真相时，否认就会出现。也许是我们对自己的工作不满意，也许是一段关系不再适合我们，也许是我们做出了一个错误的决定或选择。每一种否认都会让你的生活失去平衡，增加你的压力，让你容易患上各种身心疾病，比如感冒。实践现实法则，坚持去看清世界的本来面目，而不是认为世界是你所希望的样子。

永远不要为那些你无法改变的事、无法改变的人、无法改变的过去而烦恼。否认的反面是接受。当你接受了人和事实就是这样，而且不太可能改变时，否认的压力就开始消失。

人类是做选择的生物，我们一直在做选择。每天的每一分钟，你都要在更重要和不太重要之间做出选择。你的选择决定了自己生活的整体结构和质量。唯一能让你的生活恢复平衡的方法就是做出不同的选择和决定。

排除替代法表明，做一件事意味着不做其他事情：选择做某一特定活动就意味着你摒弃了同一时间的其他所有选项和活动。在你投入时间之前必须考虑到，如果做了这些事情，哪些事情将没时间去做。

家庭时间的力量

当和家人在一起时，你一定要百分之百地待在那里。把事情放在一边。在一天结束时，要抵挡住走进屋子立即打开电视机的诱惑。电视机一旦打开，所有的交流就停止了，整个家庭的焦点就成了电视屏幕。不要让这种事发生在你和你的家人身上。

当你和家人在一起时，在他们所需的情感滋养和精神支持上花些时间。正如我所说，男人和女人在很多方面是不同的。在一天结束时，男人需要别人对他们的工作表示认可，对他们的努力表示赞赏，让他们有机会解释他们在一天中做了什么，有时间缓解压力。女性需要被关注、尊重、关爱和倾听。她们需要交谈，并感觉到生活中最重要的人在恭敬地倾听她们。孩子们需要无条件的积极关注——接受、尊重、关注，尤其是父母的陪伴。孩子是靠什么拼写“爱”的？时间。

实现工作与生活平衡的时间法则表明，工作时间的质量和在家时间的数量都很重要。在工作中，你要做高价值、高优先级的任务，这样就能完成很多事情并掌控一切。在家里，当你坐着、聊天、散步，花时间和家人待在一起时，你需要大量的时间、长期不间断的时间。

人们说，我们年复一年地活着，但我们经历着每一个当下。你永远无法确定，你和家人一起去体验美好生活的精确时间。你必须留出很多时间让这些不请自来的时刻发生。安排好你的个人生活，让你有足够的时间和最重要的人在一起。每周至少休息一整天，在此期间你完全不工作，你只和你的家人或你生命中最重要的人在一起。

如果你已婚，每三个月和你的配偶在一起休一次三天的周末。每年休年假两次，尽量每次一到两周，在此期间你完全不工作。这将比做其他的事情更快地帮助你恢复平衡。

充足的休息

为了让你的生活恢复平衡，你需要充足的休息：每天晚上至少睡 7 ～ 8 个小时。睡眠时间过少会导致睡眠不足，这将使你在“迷雾”中度过一天。因为没有充分休息好，你会发现很难集中精力于那些能决定自己成功的高价值活动。相反，因为有点累，你会做一些更简单、优先级较低的任务，这些任务对你的职业生涯可能没有贡献。

仅仅是每天晚上早上床 1 小时（每晚多睡 1 ～ 2 个小时）就可以完全改变你的生活，让你的整个生活恢复平衡。

每周锻炼 200 ～ 300 分钟，即使你每天只是步行 30 ～ 40 分钟，这将增加你的精力，改善你的健康状况，让你的头脑平静下来，让你睡得更好，并帮助你的生活恢复平衡。更好的办法是和你的配偶或孩子一起散步，那么你将从同一项活动中获得多重好处。

当生活达到平衡时，你会自我感觉良好。你会在工作和家庭中做得更多，你会体验到更多的快乐和满足，你会在生活的每一个方面都更加成功。

当人们问我平衡生活的秘诀时，我问他们：“当走钢丝的人走在钢丝上时，他多久平衡一次？”“每时每刻。”

那么，你也是这样。你无法轻松、快速地实现平衡，这是你每天都要做的事情。

好消息是，无论你重复做什么，最终都会成为一种习惯。通过一遍又一遍地练习这些想法，直到它们成为你生活的一部分，你便能够养成快乐、高效、平衡的生活习惯。

CHAPTER 13

第13章

完全新生

我们在新生的旅途中已经走了很长的路。也许你一开始是个没有方向感的人，对自己的生活不满意，感觉自己像个受害者，并且倾向于把自己的困难归咎于他人。

你学到的第一件事是，感觉自己像个受害者是毫无意义的，也是完全错误的，因为运用自己的思想，你可以接触到宇宙里最强大的力量。你还了解到，掌握这种强大力量的第一步就是把注意力集中在自己想要的东西上，而不是不想要的东西。仅这一点就能让你领先于绝大多数人。

你学到的第二件事是，通过乐观主义、探索无限可能等强大的工具激励自己实现最佳表现。例如，如果你的收入是现在的10倍会怎样？基于思想的力量，只要专注于这个想法——即使你一开始不相信它——就可以将它变成现实。

成功与自我激励有很大关系，但这还不够。正如我们所看到的，人是社会生物，你只能通过学习如何与他人合作——通过帮助他人获得他们想要的东西，进而从他们那里得到自己想要的东西，来实现你为自己设定的目标。

我们也看到了设定目标的重要性，设定目标可能是让生活聚焦的最重要的因素。把设定的目标写下来并列出实现目标的途径是成功的关键。我们还探索了实现这些目标的最有效方法——最佳的时间管理。

然后你学到了创造财富的法则。虽然做自己喜欢的工作很重要，但你的终极目标是完全的财务独立。这样无论你是否工作，都有足够的收入。当然，创造财富的途径有很多，但从统计数据来看，占比最大的途径是创业——开创你自己的企业。世界上最富有的人主要通过创办自己的企业，并提供独特的或远远优于他人的产品或服务来获得财富。我们已经介绍了一些创业的基本法则。

接下来，我们审视了这一事实：问题是生活的核心。

无论你多么健康、富有和成功，仍然会经常面对问题。因此，为了全面发展，你需要了解如何面对和解决问题。

最后，我们看到生活的真正目标是幸福，对几乎所有人而言，幸福跟我们与他人的关系有关。我们看到了如何简化自己的生活以使你有时间和精力去做真正重要的事情，这些事情几乎都与你最亲近的人有关。

如果你阅读、消化并应用了这些法则，就可以从一种自己可能不那么满意的生活转向一种富拥所有最重要东西的生活。你可以把自己从一只普通的鸟儿变成一只美丽的凤凰。

作为总结，我想在此重申一下，我们正生活在人类历史上最好的时期。对于地球上的任何人来说，你有更大的机会和可能性比以前的人活得更久、更好。你的工作就是充分利用人类的这个黄金时代，成为你能成为的任何人，实现你曾经梦想过的一切，过上长久而幸福的生活。我希望你能做到。祝你好运！